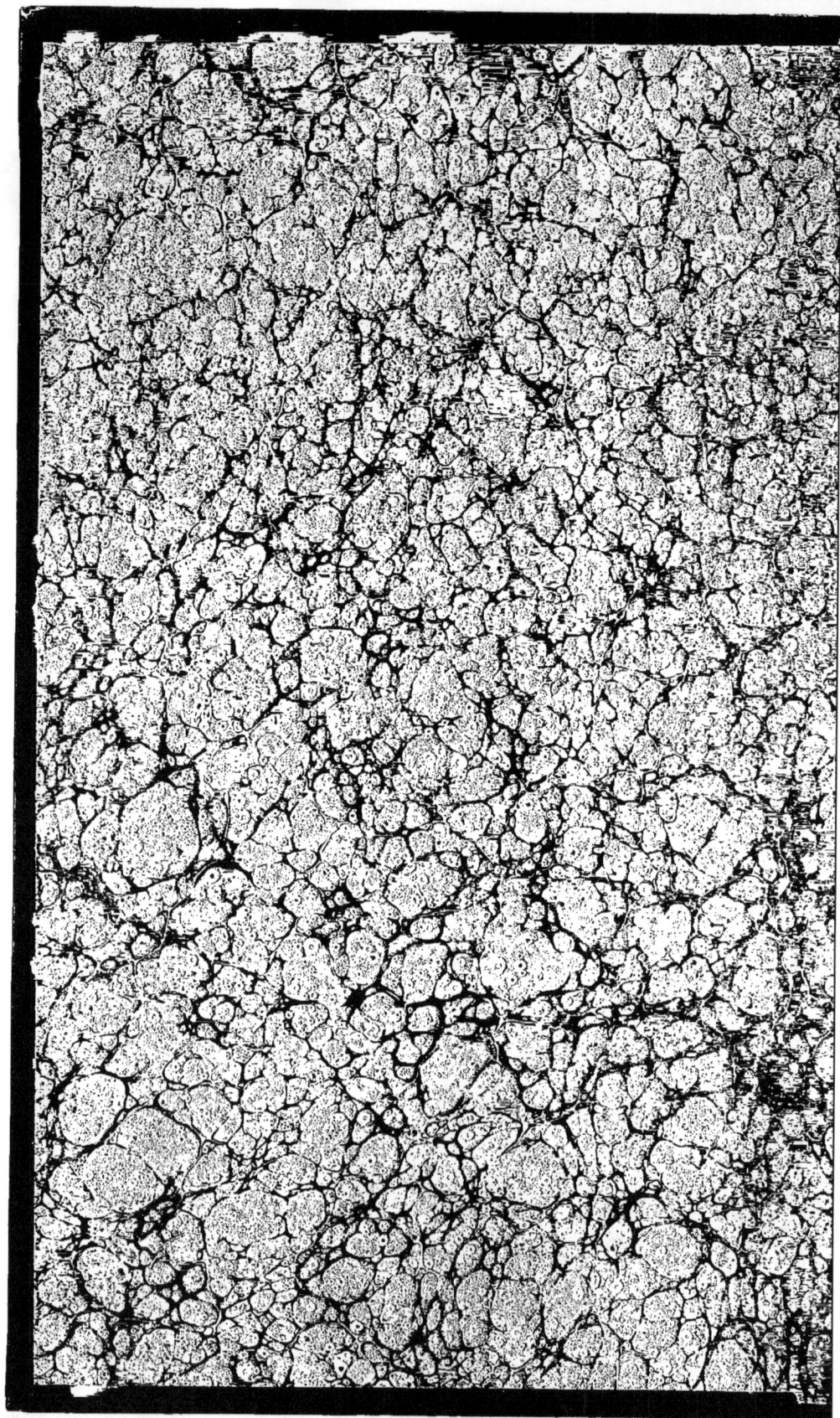

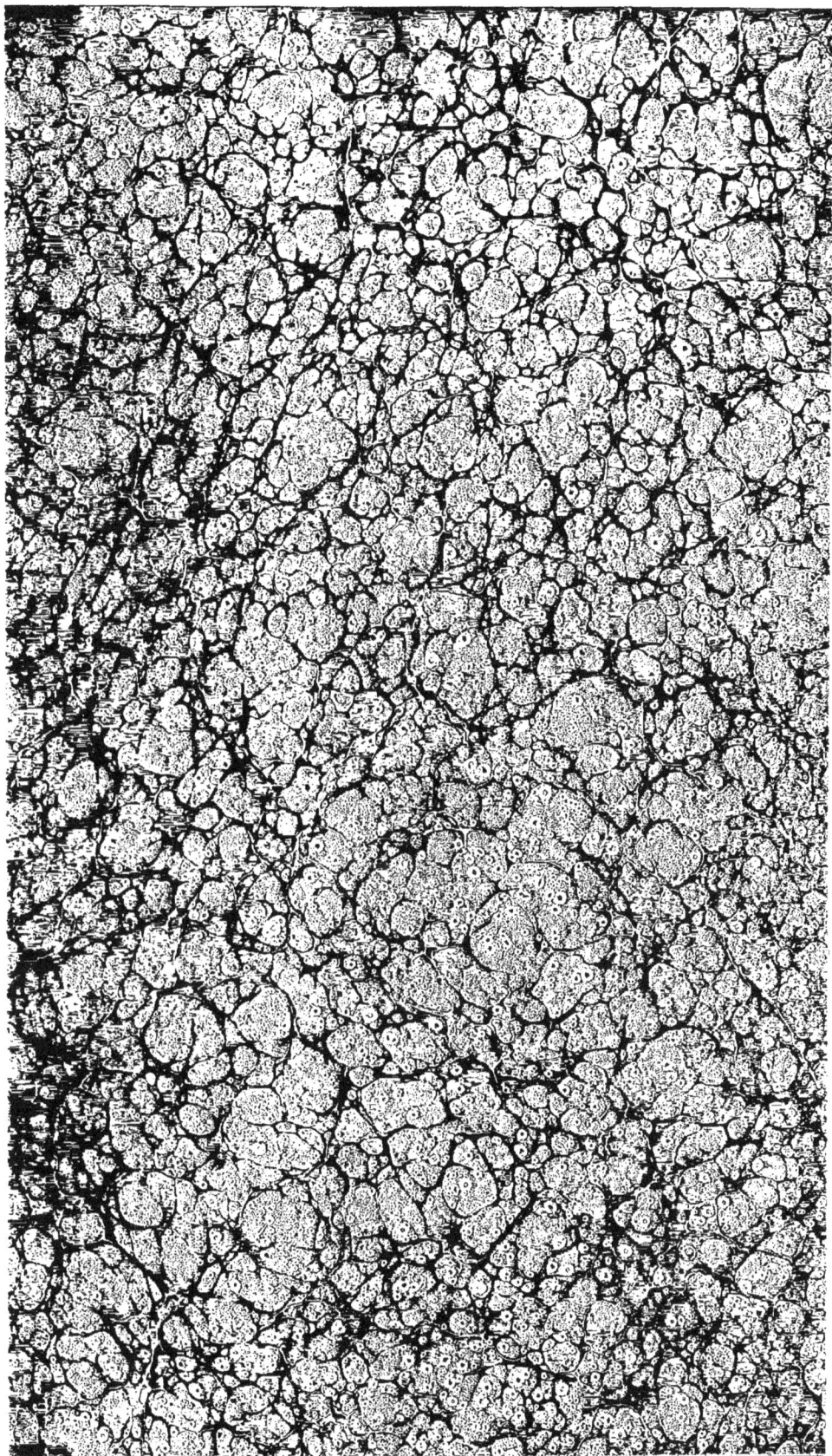

RUCHE DES BOIS.

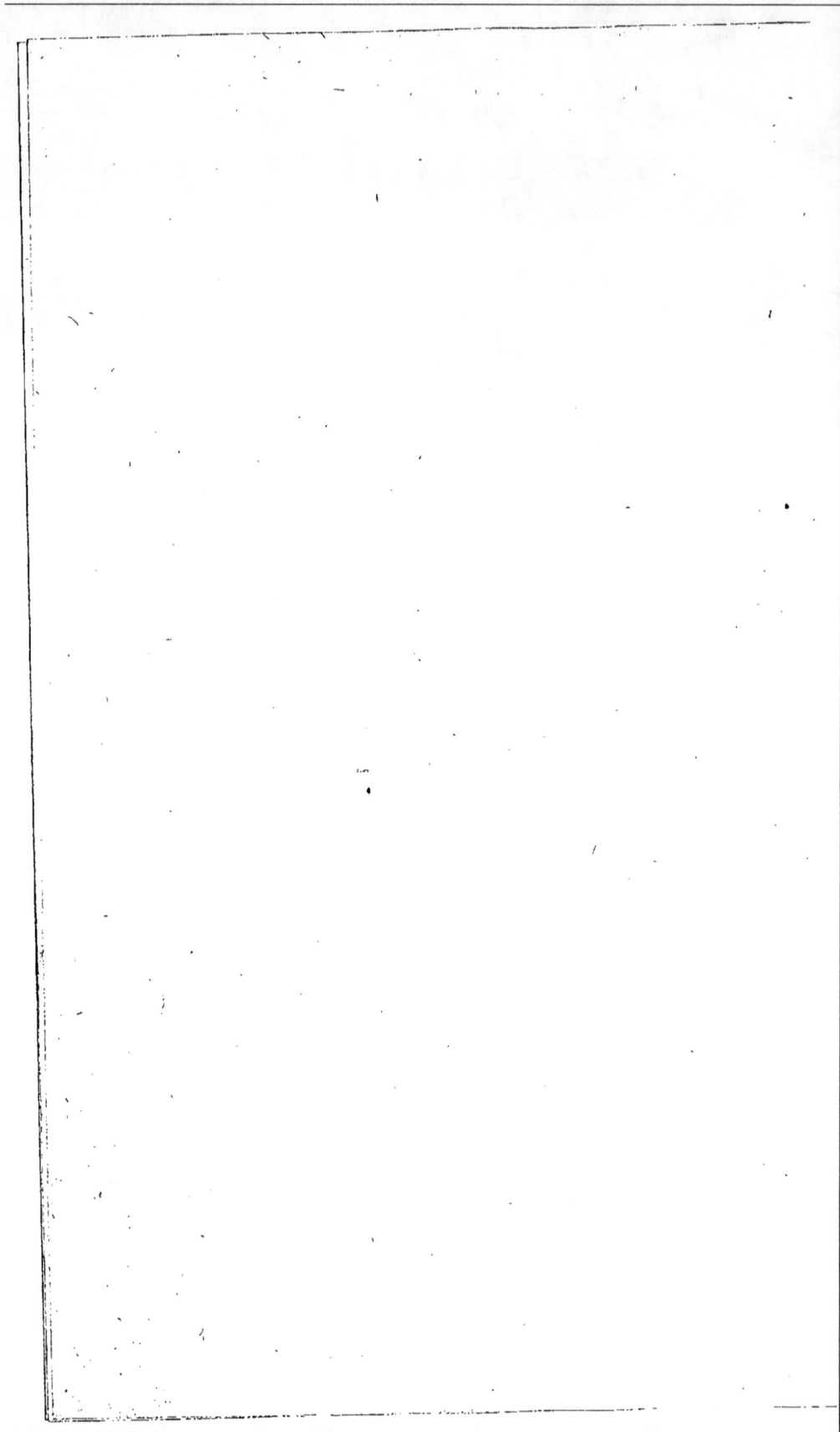

RUCHE DES BOIS,

OU MOYENS

D'AUGMENTER LES ABEILLES,

ET DE METTRE TOUT LE MONDE DANS LA POSSIBILITÉ
DE TENIR DES RUCHES,

Par M. H. Frémier,

*Ancien Officier, auteur de l'Opuscule
sur le Mazard.*

A DIJON,

Chez Victor LAGIER, Libraire, rue Rameau, N.º 1.

A PARIS,

Chez LE MÊME, rue Hautefeuille, N.º 3;
Et chez Madame HUZARD, rue de l'Éperon, N.º 7.

1827.

DIJON, IMPRIMERIE DE CARION.

PRÉFACE.

En offrant au public ma Ruche des Bois, *je dois l'avertir qu'il ne trouvera pas dans cet ouvrage l'observation scrupuleuse des règles de l'art; ces expressions délicates, ces tournures hardies, élégantes, ces nuances fugitives que l'on rencontre même dans un mauvais roman, ne sont point employées ici. Écrivant dans les bois, je dois présenter la vérité toute nue; d'ailleurs, élève de la Nature, il me serait impossible de lui prêter des ornemens. Le lecteur pardonnera donc les répétitions, les ambages, les longueurs et autres fautes qu'il rencontrera. Mon intention n'est ni d'instruire ni d'amuser; je veux sim-*

j

plement *intéresser* : *je sais que le langage de l'intérêt est plus facile à comprendre qu'un autre; on l'entend même à la guerre, car les balles d'or font plus d'effet que celles de plomb.*

INTRODUCTION.

———◦❀❀◦———

Voici en peu de mots les circonstances qui m'ont fait connaître les
abeilles :

Je ne sais pas trop ce qui me poussa
à l'état militaire, à l'âge de dix-huit
ans, dans un temps où les jeunes gens
faisaient des sacrifices pour s'en retirer. En partant de Dijon on nous
conduisit au Petit-Saint-Bernard, et de
là dans la vallée d'Aoste. Notre ba-
taillon était composé de jeunes cons-
crits dont le plus habile distinguait à
peine sa main droite de sa main gauche.
On mêla parmi nous quelques vieilles
moustaches qui paraient plus adroitement un coup de sabre qu'une balle,
et qui aimaient mieux un écu de

Piémont qu'un sou de France. En descendant Roche-Taillée nous eûmes l'adresse de tomber dans une embuscade; trop avancés pour reculer, et saisis de ce beau délire duquel on ne guérit pas, nous franchîmes à la course la rivière et tous les obstacles que l'on nous avait opposés. L'ennemi prit heureusement cet élan pour de la bravoure, et se retira jusqu'au fort Bard. Nous campâmes sous le village de Castiglione, pays fourni. Nos vieux crocs, toujours irrités de la surprise, déchargèrent leur colère sur les poules et autres choses. Parmi les objets destinés au souper de l'escouade de laquelle je faisais partie, se trouvaient deux ruches : les abeilles avaient été étouffées. On tira promptement la plus grande partie des couteaux que l'on cacha dans la baraque, et on mit les ruches au feu. L'une d'elles, dans laquelle il restait plusieurs rayons et

quelques couteaux , s'enflamma par la
partie supérieure, et dans un instant
forma une espèce de manchon à travers lequel on voyait parfaitement
toute l'architecture des abeilles. La
flamme, alimentée par les matières com-
bustibles , gagnait rapidement d'un
rayon à l'autre, et laissait entrevoir la
beauté et la ruine prochaine d'un travail
magnifique. La lumière passant par les
rhombes qui composent le fond des
cellules semblait diviser la flamme
en milliers d'étincelles dont le scin-
tillement embarrassait la vue. Frappé
de ce spectacle, je promis dès ce
jour d'être le protecteur de l'insecte
bienfaisant dont j'avais vu l'édifice
ruiné par la plus insigne gourmandise.

Je ne dois pas laisser ignorer que
la nuit était obscure, que la grande
clarté produite par la combustion du
miel et de la cire éveilla nos officiers,
et que les auteurs de ce vandalisme

abominable furent punis comme ils
le méritaient.

Depuis la journée de Castiglione
j'ai conservé l'envie de connaître en
détail la composition d'une ruche ;
dominé par cette idée, je prenais des
notes vers toutes les personnes qui
tenaient des abeilles. Mais dans le
même pays les renseignemens sont
à peu près les mêmes, et je désirais
beaucoup étendre mes connaissances.
Bientôt l'homme extraordinaire sur
lequel on n'a pas tout dit vint nous
montrer Marengo, Mantoue, Vienne,
Madrid, Berlin, Wilna, et trop malheureusement Moscou.

Ces dernières contrées semblent être
le berceau des abeilles : c'est là qu'on
les trouve dans leur état prospère et
naturel ; c'est le pays que je cherchais
sans me douter qu'il existât. J'avais
commencé mes notes en Piémont ; je
les continuai en Italie, en Autriche,

en Espagne, en Hollande, en Prusse, en Saxe où la théorie est jointe à la pratique, en Pologne et en Russie. J'ai aussi consulté les Morlaques, les Istriens, les Bosniaques, les Albanais et les Dalmates, et me suis convaincu que dans ces contrées les abeilles en savent plus que les paysans. Il me restait à connaître les abeilles françaises ; j'en ai vu quelques-unes en 1814 et 1815.

Enfin, après la misérable *centaine*, retiré dans ma chaumière, j'avais acheté des ruches croyant joindre la pratique à la théorie, car je comptais en faire une très-exacte avec les notes et les renseignemens que je m'étais procurés, et que j'avais conservés par écrit. Mais quelle fut ma surprise en ne trouvant dans ce que je regardais comme des documens que des contradictions, et presque rien d'exactement vrai sur la culture des mouches

à miel ! Trompé dans mes espérances,
et fâché d'avoir pris tant de peines
inutiles, j'ai abandonné toute espèce
de théorie pour me laisser conduire
par les abeilles elles-mêmes. Dans cet
état je suivais la routine du pays, et
cherchais à connaître leurs usages et
leurs besoins. Cependant, ne pouvant
augmenter le nombre de mes ruches
qu'avec de l'argent, je ne tardai pas
à m'apercevoir qu'il y avait des vices
ruineux dans ma routine, et que la
taille et la faim étaient les principaux.
Alors je me décidai à placer mes ruches
dans les bois, et c'est auprès d'elles
que j'ai pris les notes et fait les observations que l'on va lire. Dans la crainte
d'être entraîné par le style séduisant
de quelques auteurs, je n'en ai consulté aucun. On doit donc s'attendre
à des omissions, des répétitions, des
erreurs peut-être ; mais cependant on
trouvera beaucoup de choses neuves

dans cet ouvrage : je ne crains pas
de dire qu'il y en a de très-utiles à
l'éducation des abeilles, et que toute
personne qui veut suivre cette culture
ne sera pas fâchée d'avoir la *Ruche
des Bois.*

La pratique de ma méthode a bien
devancé la théorie, si je puis appeler
théorie les observations que j'ai faites
pendant plus de dix années d'assiduité
auprès de mes ruches. Isolé dans les
bois, seul avec mes abeilles, elles
m'ont tenu lieu de conseil et de livres.
En parlant de pratique, je veux dire
que bien des personnes, particulièrement dans les départemens voisins,
ont suivi ma méthode aussitôt qu'elles
en ont eu connaissance ; plusieurs ont,
comme moi, éprouvé des pertes con-
sidérables par les bêtes sauvages ;
quelques ruchers ont été entièrement
détruits, d'autres ont plus ou moins
souffert. Étant parvenu à défendre

mes abeilles contre toute espèce d'ennemis, je ne puis me dispenser de
faire connaître les avantages qui ré-
sultent de ma méthode, afin de pro-
pager promptement cette branche de
l'économie rurale.

Dans le département de la Côte-d'Or
peu de monde m'a imité; je n'ai vu
que deux ou trois faibles ruchers dans
les bois. A quoi attribuer cette appré-
hension ? Je n'en sais rien, à moins
que ce vieil adage, *On n'est pas pro-
phète dans son pays*, ne me soit
applicable. S'il en est ainsi, messieurs
les Bourguignons, vous êtes bien soup-
çonneux ! Il ne s'agit point ici de pro-
phétie, ma méthode n'a rien d'insi-
dieux : tout y est bénéfice, tout y
est réel ; les pertes sont faites, il n'y
a plus qu'à jouir. Il n'est pas bien
difficile de juger que la ruche des
bois, celles qui sont isolées et placées
dans un pâturage choisi, abondant en

fleurs, coupé de petits ruisseaux, valent mieux que celles qui sont en grand nombre entassées dans un village, un hameau, où les fleurs sont vierges comme les filles, et où l'eau est souvent plus rare que le vin ne le sera en 1827.

On a déjà tant dit et tant écrit sur les abeilles que maintenant pour entrer en lice il faut baisser la visière. Des hommes du plus grand mérite, de savans naturalistes, se sont occupés de ces insectes industrieux, et ont par leurs découvertes contribué à l'augmentation des ruchers. Ils ont pénétré dans l'intérieur de la ruche, et, semblables à de bons interrogateurs, ont arraché des secrets que la Nature cachait. Une infinité de ruches ont été proposées. Chaque auteur, en cherchant à détruire les inconvéniens qu'il avait remarqués, a cru trouver la perfection. Je crois cependant que l'on peut dire, sans craindre de se tromper, que pas

un n'a atteint le but qu'il s'était pro-
posé : d'où il faut conclure que la chose
est difficile.

Avant d'avoir cultivé les abeilles,
je trouvais fort extraordinaire que tant
d'hommes d'esprit eussent étudié leurs
usages, suivi leurs habitudes, expé-
rimenté les différentes variétés de ruches, et qu'ils ne fussent point par-
venus à nous donner un traité pratique pour nous conduire et nous
diriger. Comment, disais-je, l'homme
dont la pénétration n'a point de bornes,
l'homme qui connaît et gouverne tout,
hormis lui-même, ne peut pas trouver
le moyen unique pour cultiver uniformément ces insectes laborieux, simples,
constans et ménagers! Cela doit être
facile : cherchons le secret, il est dans
mes notes. Je raisonnais ainsi en sortant du bivouac; mais j'ai reconnu
depuis qu'il était moins aisé de gagner
sur la Nature que sur des Cosaques.

Comme bien d'autres, j'ai étudié les abeilles avec beaucoup de soins et d'application; j'ai fait de grands sacrifices pour connaître leur travail et leurs besoins; et, d'après des recherches minutieuses, je crois pouvoir signaler les difficultés qui n'ont pas été surmontées, et qui s'opposent à la multiplication de ces précieux insectes.

Je place au premier rang l'insuffisance de vivres : la disette détruit plus de la moitié des ruches. La Nature, qui n'a rien laissé au hasard, a donné à tous les êtres qui vivent en société la force, le zèle et l'activité pour se pourvoir de tout ce qui leur est nécessaire. L'abeille, par son intelligence et son économie, serait rarement exposée à la famine si l'homme ne lui enlevait une partie de ses provisions. Cependant les essaims tardifs, et dans une très-mauvaise année tous les essaims et même une partie des vieilles ruches, peuvent manquer de vivres. On trouvera aux articles *Pâturages*, *Essaims*, *Mutations*, etc., les moyens de prévenir la disette.

La deuxième difficulté c'est de ne pouvoir confondre les abeilles de deux ou de plusieurs ruches. Ce cas entraîne la ruine de toutes les ruches qui manquent de vivres, et d'une partie de celles qui sont peu peuplées. Tous ceux qui se sont occupés d'abeilles ont indiqué des moyens pour nourrir une ruche mal fournie : je les ai mis tous en usage soit à dessein, soit par nécessité, et je crois que le plus efficace n'obtient pas un résultat satisfaisant. Voici, en un mot, la raison sur laquelle je me fonde : une ruche n'est faible que parce qu'elle manque de miel qui est l'unique nourriture de toute la population pen-

dant l'hiver. Ce mal en amène bientôt un autre : le miel, par sa fermentation continuelle, entretient dans la
ruche une température élevée qui est
nécessaire à l'existence des abeilles,
et lorsqu'il manque ou qu'il est en trop
petite quantité le froid se joint à la
faim pour dévorer la population. On
verra par des calculs les provisions
qu'une ruche doit avoir pour pouvoir
passér l'hiver.

Je ne prétends pas cependant qu'il
soit impossible d'alimenter une ruche
qui n'a plus rien à manger, et de
la préserver du froid ; mais je soutiens
qu'indépendamment de la dépense, qui
est assez considérable, si elle manque
avant et pendant l'hiver, et des soins
que l'on est obligé de lui donner,
c'est presque toujours peine perdue
parce que les vivres que l'on donne
aux abeilles ne conviennent pas aux
jeunes vers, à moins que ce ne soit

du miel en couteau, susceptible d'être clarifié et acidulé avec du rougemont. Or si la ruche n'est pas fortifiée de la nouvelle génération on peut compter qu'elle sera faible toute l'année. Je renvoie pour de plus amples renseignemens aux articles qui traitent de la nourriture des mouches.

Un inconvénient grave, et que l'on a beaucoup cherché à détruire, c'est la vieille cire. Plusieurs personnes ont tenté de la renouveler soit en totalité, soit en partie. M. Varembey y est parvenu, et cependant sa ruche, quoique bien combinée, ne s'est point répandue : je ne l'ai vue nulle part chez nos voisins, et seulement dans quelques ruchers en Bourgogne. La division de l'ouvrage détruit une partie des avantages que la ruche présente ; les abeilles perdent le plus précieux de leur temps en soudure, et la fermentation du miel manque son effet ; la ponte

est retardée par le froid. Dans une ruche bien peuplée elle commence toujours au mois de janvier et bien fréquemment en décembre, et comme le
vers n'éclot qu'à une température de
dix à douze degrés, on conçoit qu'il
faut une grande réunion d'abeilles pour
soutenir la chaleur à ce point dans les
hivers rigoureux.

En donnant la description des deux
variétés de ruches dont je me sers
dans les bois, je n'ai pas eu la pré-
tention de croire qu'elles soient ni
plus utiles ni plus commodes que toute
autre. L'essaim ressemble à un jeune
ménage; il s'accoutume dans toute
sorte de local, et y prospère. On peut
donc, sans danger, donner aux ruches et aux ruchers les formes et dimensions que l'on voudra; il en est
de même de la matière. Par économie
et par besoin mes ruches sont en
planches peintes, le magasin est en

petit lambris, mais rien n'empêche
de les faire en verre, en cristal,
en porcelaine, en faïence, etc. : l'a-
beille y travaille également. La forme
et la composition ne donnent ni l'abondance ni la qualité au miel : c'est le
choix des pâturages qui fait tout. La
forme de la ruche ne rend pas la butineuse plus active ou plus laborieuse;
cependant je recommande de ne jamais
faire l'entrée de la ruche sous le siége,
quelque forme qu'elle ait : la butineuse chargée y entre avec difficulté,
la ruche est plus exposée au pillage
qu'une autre, attendu que les gardes
se tiennent moins aisément à l'entrée,
et lors du massacre des faux bourdons
ils profitent de cette ouverture pour
se soustraire aux coups.

Si l'abeille est indifférente à la forme
et à la composition de sa ruche, il
n'en est pas de même des pâturages;
ne pouvant elle-même en faire le choix,

cette tâche est réservée au propriétaire.

————

En parlant des fleurs de courges j'aurais peut-être dû engager le cultivateur curieux à examiner l'inconcevable
industrie de la butineuse pour faire
la récolte des fleurs de noline; dans
cette circonstance on serait tenté de
croire qu'elle raisonne et qu'elle calcule.

————

J'ai passé trop légèrement sur l'article *Propolis*. Cette substánce, d'une
grande utilité en médccine, est extrêmement rare : il est très-difficile,
pour ne pas dire impossible, de s'en procurer de la véritable dans toute autre
ruche que celle en planche ou autre
corps uni et gersé; et encore, dans
ce cas, n'en ramasserait-on pas plus

d'une once dans vingt ruches en les brisant. Je ne pense pas qu'il y ait d'autres moyens pour s'en procurer de la pure.

———

La longueur des détails sur les essaims naturels m'a fait négliger une foule de circonstances curieuses et utiles ; en voici une omise que je ne puis me dispenser de rapporter, vu qu'elle fait partie du système économique que j'ai suivi :

Un rucher un peu nombreux, dans une bonne année, donne plusieurs essaims le même jour, à la même heure, et souvent au même instant. Les abeilles éparses, et attirées par le cri de ralliement de l'essaim qui se prend, se réunissent toutes au même tas. Lorsque le nombre des essaims passe deux, c'est-à-dire lorsque les abeilles pèsent plus de huit livres, on ne peut pas les placer dans une seule ruche, et si on y parvenait elles n'y travailleraient pas utilement. En conséquence, j'ai cherché à tirer parti de cette abondance. La théorie est fort aisée à expliquer, mais la pratique demande des soins : il faut chercher les reines dans le tas d'abeilles, les placer séparément dans de petits vases ou simplement dans des cornets de papier, et en attacher ensuite une dans chaque ruche, puis les garnir d'abeilles d'après les proportions indiquées.

Tous les essaims, en sortant de la ruche, s'attachent à quelque chose de branchu, croisé, rameux ou concave. On trouve toujours la reine du premier qui s'est fixé près de la croisée, ou sous l'aisselle de la branche la mieux disposée pour recevoir la première cellule de l'édifice. Après l'enlèvement de cette reine, les abeilles s'agitent, les unes montent, les autres descendent, cherchant le chef qu'on leur a pris ou un autre qui ait les qualités pour gouverner et produire. L'odeur, le chant, ou autre chose que je ne connais pas, les attire bientôt vers une autre reine féconde; elles quittent pour la plupart l'endroit où était la première, et vont se former en grappe autour d'une autre. Si l'on n'a pas envie de faire plus de deux ruches on tire le gros de la grappe dans une ruche ou une boîte à essaim; ensuite on place la plus grande partie des mouches qui restent dans la ruche où l'on aura attaché une reine. On pose cette ruche au pied de l'objet sur lequel étaient les essaims, afin que toutes les mouches qui voltigent puissent y entrer.

Si on voulait faire plus de deux ruches on trouverait la seconde reine dans le plus épais de la grappe, précisément à l'endroit où les abeilles se réunissent, venant du haut et du bas, et les abeilles, après son enlèvement,

se reformeraient autour d'une troisième.
Dans ce cas, comme dans le précédent,
on doit partager les mouches à peu
près par portions égales, et placer toujours la ruche dans laquelle on n'aura
point attaché de reine à peu de distance
des autres. Cette disposition est nécessaire; car s'il arrivait qu'il ne se
trouvât point d e reine dans une ruche
les abeilles retourneraient immédiatement dans les voisines, et il n'y aurait
rien de perdu.

Cette opération, qui paraît d'abord
difficile, est d'une grande simplicité ainsi
que tout ce qui a rapport aux abeilles.

RUCHE DES BOIS.

Première Partie.

CHAPITRE PREMIER.

De la Ruche, du Rucher et des Pâturages.

Pour me déterminer sur le choix d'une ruche, je m'étais procuré des ruches de tous les modèles connus; ensuite j'avais établi dans mon jardin un rucher d'expériences dans lequel je plaçais des essaims à peu près de même poids, et à la même époque, dans toutes les formes de ruches les plus répandues. Chaque année je faisais la même opération et suivais les progrès des abeilles en pesant les ruches toutes les semaines, et en en sacrifiant une par mois pour la dépecer.

La ruche d'une seule pièce est celle qui a toujours pris le plus de poids et fourni les plus beaux essaims; mais cette ruche présente des inconvéniens si nombreux, avec des vices si dangereux, qu'il m'est impossible d'en conseiller l'usage. Il serait à désirer que tous les cultivateurs d'abeilles voulussent la changer.

La ruche villageoise, ou ruche à capote, suit de près la précédente. Le miel que l'on en tire est plus beau et la récolte plus facile. Les essaims sont plus tardifs que dans la ruche d'une seule pièce. Pour tirer un avantage certain de cette ruche, on doit se conformer à ce que nous dirons aux articles *Pâturages*, *Essaims*, *Récoltes* et *Mutations*.

La ruche à hausse, sans plancher, offre les mêmes dangers que la ruche d'une seule pièce, et les abeilles y travaillent avec moins d'activité.

La ruche française, celles à compartimens

et autres à peu près semblables, conviennent à des cultivateurs riches, curieux, et qui n'attendent pas la récolte pour payer le temps perdu et la dépense. Ce sont des chevaux de luxe que l'on remplace quand ils sont morts.

Le but de cet ouvrage étant de protéger et d'augmenter les abeilles, je dois m'élever contre une méthode pernicieuse que l'on vient de proposer : *La Ruche en plein air.* Je ne connais point l'auteur, je n'ai ni lu ni vu son ouvrage, mais le texte indique suffisamment à combien de dangers le travail des abeilles est exposé. D'après l'idée que je m'en fais, la ruche en plein air doit être exposée à la pluie, au vent; le miel et la cire abandonnés à la discrétion de leurs nombreux et avides ennemis. En hiver et dans les temps pluvieux le succès du couvain est impossible, attendu que la température ne peut se soutenir au degré de chaleur nécessaire à l'existence des mouches à miel; les vers qui périssent à l'humidité peuvent être noyés dans les alvéoles; en un mot, je ne vois dans ce système de M. Martin

que l'envie de flatter la curiosité aux dépens
de l'économie.

Je ne pousserai pas plus loin cet examen,
mon intention n'étant pas de critiquer personne, mais simplement d'expliquer les
moyens dont je me sers pour multiplier les
abeilles, moyens qui sont mis en pratique
ailleurs, et qui réussissent parfaitement.

Les ruches dont je fais usage dans les
bois sont de deux formes.

La première forme est d'une seule pièce;
elle est faite en planches de sapin fortement
clouées et peintes à trois couches à l'huile.
Sa hauteur est de soixante-six centimètres
(deux pieds). L'intérieur présente un carré
long dont l'un des côtés de l'angle a trente-
trois centimètres et l'autre vingt-quatre.
La ruche est renforcée en haut et en bas
par des liteaux; je mets ceux du bas dans
l'intérieur; aux deux tiers de la ruche, à
compter du bas, je cloue deux autres liteaux
qui soutiennent un plancher sur lequel pose
un magasin que le propriétaire vide à volonté
avec les précautions que nous indiquerons
à l'article *Récolte*. Le dessus de la ruche
est fermé par une planche fixée au corps

avec des attaches en fer battu, lesquelles
sont arrêtées avec des clous à vis sur les
deux côtés. Cette planche appuie sur le
couvercle du magasin qui est fait en petit
lambris, et remplit autant que possible tout
le vide depuis le plancher au couvert de
la ruche : il faut avoir soin d'y attacher
solidement des anneaux pour le tirer. Il pèse
assez ordinairement vingt livres; si on y
ajoute la force que l'on doit employer pour
rompre les soudures que les abeilles font
pour unir les planches du magasin avec
celles de la ruche, on aura un poids au
moins de 100 livres pour sortir ce magasin.

La ruche de la deuxième forme se compose de deux boîtes de même dimension placées l'une sur l'autre. Elles sont en planches
de sapin, clouées et peintes comme celles
de la première forme. Chaque boîte fait
la moitié de la première ruche, et a un
plancher percé au-dessus; la boîte supérieure
est formée d'une planche comme les ruches
d'une seule pièce.

Toutes les ruches sont garnies intérieurement de baguettes qui les traversent, et qui
sont destinées à soutenir les rayons. On

doit observer de les introduire en dehors afin que l'on puisse les retirer du même côté. Nous aurons occasion d'apprécier cet avantage. Dix ruches de l'une ou de l'autre forme font une division que j'appelle aussi *Rucher ambulant.*

———

Ruchers ambulans.

Un rucher ambulant se compose : 1.º De deux travots ou pièces de onze pieds de longueur sur quatre pouces carrés, assemblés par plusieurs barres sur lesquelles est clouée une planche de la largeur des ruches, et qui leur sert de siége commun à toutes. Dans la pièce de devant et le commencement de la planche sont pratiquées dix entailles qui doivent servir d'entrée aux abeilles. Elles sont espacées de manière que le milieu de chaque ruche y corresponde. Dans les bois le succès des ruches dépend souvent de ces ouvertures. Il faut les faire larges et peu profondes pour que les souris, les mulots, les limaces et autres ennemis ne puissent y passer. 2.º De quatre petits montans fixés par des tenons aux quatre bouts-des *travots* du siége, et ayant chacun deux crans pour recevoir des lisses. 3.º De quatre lisses, deux de chaque côté des ruches, liées aux montans par des boulons à écrous. 4.º De quatre boulons et autant d'écrous dont l'emploi vient d'être indiqué. Les boulons doivent avoir la tête différente de celle de l'écrou afin de nécessiter deux clefs pour ouvrir, et augmenter par là les difficultés de s'en emparer par fraude. Le tout peint à trois couches à l'huile, et posé sur deux petits travots qui lui servent d'appui, tant pour élever les ruches que pour prévenir l'humidité.

Le rucher ainsi établi, on place les dix ruches sur le siége commun, entre les lisses, de manière que le milieu de chacune corresponde au milieu d'une entaille, et que la seconde ruche masque les clous à vis de la première ; on serre ensuite les écrous autant que possible. Toutes les parties ne forment plus qu'une seule masse ; rien n'en est détaché que les clefs, le masque et la boîte à essaim.

Emplacement des Ruchers, Choix des Pâturages et Transport des Divisions.

JE n'ai jamais remarqué de différence entre une ruche placée au levant et une placée au midi. Je pense que c'est légèrement que l'on a dit que les abeilles de la première butinaient plus matin que celles de l'autre. Je conseille néanmoins de tourner l'entrée au levant, autant que cela est possible, non pas par le motif que je viens de déduire, mais parce que les ruches sont frappées plus obliquement des rayons du soleil à midi, et que l'une fait ombrage à l'autre. Dans les vallons, les combes, les coteaux, on doit éviter les grands courans d'air, particulièrement ceux venant du nord, nord-est, nord-ouest et ouest.

La position des ruches influe si essentiellement sur la prospérité des abeilles que l'on ne peut apporter trop de soin dans le choix des pâturages. Les coteaux exposés au midi, appelés aussi *les adroits*, dans les

bois taillis, se couvrent dès le commencement du printemps de fleurs hâtives.

Dans un taillis d'une pousse, la terre,
privée des rayons du soleil pendant plus
de quinze ans, est recouverte chaque année
d'une couche de feuilles qui se pourrissent
et forment superficiellement une espèce de
terreau qui la fertilise; cette jonchée de
feuilles conserve les graines et les racines des
plantes, lesquelles se reproduisent en plus
grand nombre aussitôt que le bois est coupé.
La première année le trépignement des cou-
peurs et des chevaux, le passage des voitures, la chute des arbres, l'encombrement
des branchages, entravent la végétation; mais
l'année suivante tout est débarrassé, on
peut y placer des ruches : l'hiver a préparé la
terre, le soc et la bêche sont également inutiles; elle est meuble, douce, friable comme
si elle avait été cultivée; déjà des touffes
d'une herbe fine et tendre sont éparses çà
et là; et les plantes, semblables à des champignons, soulèvent l'humus et attendent que
Phébus soit monté sur son char pour s'é-
chapper de leur prison. Mars, le casque
en tête, reparaît sur la terre; Bellone

prend son écu; la Nature a ses droits, les
feuilles s'épanouissent, la fleur vient après;
et bientôt cette noire contrée ne présente
à l'œil surpris qu'un vaste tapis de verdure
embelli d'émail et d'azur. Là des millions
de fleurs, semblables à la biche qui raie son
jeune faon, invitent les vigilantes abeilles à
dégorger leurs glandes nectarifères dont
l'abondance des sucs les fatigue.

Tâchez qu'au bas du coteau le marseau,
toujours précoce, soit chargé de chatons
velus, les abeilles en sont très-friandes; qu'à
l'ombre la perce-neige, le muguet, les per-
venches et l'hépatique, en février, accom-
pagnent le bois-joli; qu'au soleil la violette,
la coquelourde, les primeroles, le salyrion,
les marguerites de pâques, et sur-tout la
moscatelline, invitent vos abeilles à commencer leur campagne et à ramasser des
poussières pour construire de nouveaux
édifices.

Que depuis le milieu du coteau et jusqu'à
sa cîme chenue le robuste chêne en cépées
dispersé laisse des espaces irréguliers aux
plantes aromatiques, parmi lesquelles on
doit préférer l'aurone, la mignardise, les

basilics des bois, les citronelles, l'enivrante
bétoine, la sariette, l'hélianthème, la superbe et rare mélianthe, le fier polygala (*)
qui a perdu son emploi, l'hysope, les mélisses et les verges dorées; ajoutez-y la gaude
qu'il suffit de semer une fois.

Qu'au sommet les roches arides soient
couvertes par le serpolet, le petit thym,
la petite germandrée, le pied d'alouette,
le sabot, et par les vermiculaires. Que les
vacans, les chemins, les places à four-
neaux, soient peuplés de navette, de pavot,
de plantain, de laitron, de mauve, d'o-
rigan, de tormentille, de bouillon-blanc
et des variétés de menthes; qu'enfin dans les
bois, çà et là, les troënes, la viorne et le
chèvrefeuille entrelacent leurs rameaux
flexibles et fournissent des fleurs à foison.

Qu'au pied du bois, sur une pente plus
douce, les terres labourables soient ense-
mencées souvent de prairies artificielles, et
principalement de sainfoin : la butineuse
quitte toutes les fleurs pour courir à celle-là.

––––––––––––––––––––––––

(*) Les anciens couronnaient les jeunes vierges avec
des fleurs de polygala.

Ne cherchez point le trèfle, c'est une fleur
inutile; l'abeille n'y prend pas plus que
sur le puant marube ou sur le traître aconit :
remplacez-le s'il est possible par le mélilot
jaune et blanc, le thlaspi, la filipendule et
autres plantes à odeur.

Que ce coteau couronne une longue
prairie encaissée entre deux montagnes d'où
sortent des sources d'eau pérenniale que le
cultivateur industrieux a divisées en filets pour
arroser ses prés, et qui, après mille détours,
retombent en cascade dans le lit d'un ruis-
seau bordé de saules et de peupliers d'Italie.
Que les rives et les îlots soient garnis de
sauge, de pouliot, de baume, de statice,
de reine des prés, de sison et autres fleurs
balsamiques ; qu'enfin autour de vos ruchers le mélinet soit très-fréquent, c'est
l'arbre à cire de nos pays.

C'est dans ces lieux délicieux, à peu près
au quart du coteau, que vous devez placer
vos ruches au printemps. A peine la belle
aurore ouvre-t-elle les portes du ciel que
l'abeille infatigable sort de sa ruche, se
précipite sur les fleurs, et apporte au
couvain une douce et abondante nourriture.

Elles peuvent y rester jusqu'au temps des essaims, et même toute l'année s'il y a des taillis dans les coteaux exposés au nord, appelés *les envers*. Les fleurs y sont plus tardives, moins odorantes; le terrain, plus froid, est ordinairement plus gras que dans *les adroits*. Il s'y trouve des tilleuls, des hêtres, des digitales, des campanules, assez souvent la belle jacobée et autres plantes grasses. La fleur de tilleul convient bien aux abeilles, elles en tirent un miel excellent; tandis que la faîne hérissée leur en fournit beaucoup, mais d'une qualité bien inférieure.

Si au contraire *les envers* sont de grands bois, si la prairie ne fait pas regain, s'il ne se trouve que peu ou point de sainfoin près de l'endroit où sont les ruches, et si enfin la coupe dans *l'adroit* est peu considérable, il faut transporter vos divisions dans un meilleur pâturage aussitôt que vous vous apercevez que les fleurs manquent dans celui que vous aviez choisi. Ne craignez rien du changement, il ne peut que hâter vos essaims.

Il est bien possible que l'on ne rencontre

pas toujours des positions aussi avantageuses que celle que nous venons de voir pour placer ses ruches ; dans tous les cas, on choisira celles qui s'en rapprochent le plus.

Ces vastes forêts, ces masses impénétrables conservées avec tant de soin, dont la coignée chaque année fait tomber une partie, conviennent après les vallons. Les fleurs y sont moins abondantes, mais les plantes plus variées, plus aromatiques, en donnent en différentes saisons : la faucille et la faux ne viennent pas les détruire. Le miel dans ces contrées est ordinairement plus aromatisé qu'ailleurs, sur-tout si vous choisissez pour placer vos ruches les endroits où croissent les valériennes, les anets, la taque, la marjolaine, le saxifrage, les véroniques, les scabieuses, l'orvale, et autres plantes aromatiques et balsamiques que nous avons déjà nommées. On doit également semer autour des ruchers la gaude et le mélinet qui se multiplient avec une grande facilité. Aucune plante ne produit autant de fleurs que la gaude ; chaque pied porte un essaim sur l'arrière-saison ; j'ai compté quatorze mille fleurons sur un

seul tronc de gaude ; la tige principale
avait près de sept pieds de hauteur, et
était accompagnée de vingt-huit talles.

Les sources ne sont pas toujours fréquentes
dans les forêts, et notamment en montagne ;
cependant il faut éviter de mettre des
abeilles où il n'y a pas d'eau. Dans les
lieux où elle manque j'ai trouvé le moyen
de remplacer les sources par des fontaines
artificielles.

Voici le détail d'une de ces fontaines :

Je fais un gabion d'un assez grand diamètre, dans lequel je place sur deux petits
travots un tonneau défoncé d'un bout ou
un vieux cuvier ; je garnis de mousse sèche
l'espace entre le gabion et le tonneau, cet
espace doit être de six à sept pouces ; ensuite je remplis le vaisseau avec de la
mousse bien mouillée ; je l'entasse soit
avec les pieds, soit avec une machine en
fer, à mesure que je la mets dedans.
Quand le vide est rempli et bien tassé, je
verse de l'eau dessus autant qu'il peut y
en tenir, et je recouvre toute la largeur
du gabion d'une forte couche de mousse
sèche, laquelle je charge de terre ou de

16

sable. Le lendemain, ou le jour même, je perce le vaisseau avec une mèche très-fine afin que l'eau ne tombe que goutte à goutte. Je place sous la gouttière un coussinet de mousse très-fine posé dans un vase ou simplement sur de la terre-glaise cor-royée. Ce coussinet s'entretient mouillé, et est suffisant pour abreuver les abeilles de trois divisions. Un tonneau de Bourgogne coulant goutte à goutte dure de cinquante-cinq à soixante jours, et l'eau est aussi fraîche et aussi limpide que celle des sources.

Avec ce procédé on peut placer des ruches partout où il y a des fleurs : dans les bois, les broussailles, les landes, les friches, les terres cultivées, les vignes dans le mo-ment de la fleur et de la maturité, les vergers au printemps, le voisinage des til-leuls ; dans les villes on peut avoir des ruches sur les maisons couvertes en ter-rasse, sur une croisée même ou au-dessus des combles, dans la baie d'un louvre, pour récolter les fleurs des promenades et des jardins. Dans ce cas on ne tiendra que des ruches de la deuxième forme, et on ne fera que des essaims artificiels.

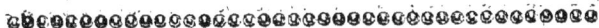

৩৩৩৩৩৩৩৩৩৩৩৩৩৩৩৩৩৩৩৩৩৩৩৩৩৩৩৩৩৩৩৩৩৩৩

CHAPITRE II.

Intérieur de la Ruche.

CE chapitre est pour ainsi dire inutile
à la culture des abeilles. Je ne m'en étais
d'abord point occupé, non plus que de
tout ce qui est étranger à ma méthode,
ou qui laissait quelque incertitude sur la
réalité. Mais on m'a fait observer que
tous ceux qui ont écrit sur les abeilles ont
parlé de l'intérieur de la ruche comme
de l'objet le plus curieux et le plus inté-
ressant ; qu'il convenait de les imiter en
cela, afin de ne pas exposer les personnes
qui suivront ma méthode à consulter deux
ouvrages en même temps. Je me suis rendu
à ce raisonnement sans m'obliger à rapporter ce qui me paraîtrait trop incertain.

2

La ruche est d'abord occupée par un essaim qui est composé de plusieurs espèces de mouches, lesquelles construisent des masses que l'on nomme *rayons, couteaux, gâteaux,* indifféremment : pour éviter la confusion je nommerai rayons ceux dont les alvéoles sont vides; gâteaux ceux occupés par du couvain, et couteaux ceux remplis de miel. Les abeilles d'une même ruche, qui sont en état de travailler, vivent ensemble dans la meilleure intelligence possible : c'est l'image d'un gouvernement monarchique bien ordonné; les lois, les usages, les habitudes même, y sont immuables : le chef de l'état le gouverne sans y apporter jamais aucun changement. Le travail, l'économie, l'industrie, tout y atteint la perfection. Grands, ministres, accourez; vous trouverez dans une ruche la constance et l'économie ; venez après Sparte chercher la sagesse et l'utilité : ce qui manque à nos idées peut se trouver dans ce petit coin. Oh ! plutôt ne venez pas, il n'y a ici ni or ni ruse; non, non, ne venez pas, vous porteriez atteinte à la simplicité de nos mœurs : Minos est aux enfers, et pour un Sully il se trouverait vingt Cortès et trente Metternich.

———

De l'Abeille en général.

L'ABEILLE est l'insecte le plus précieux et le plus utile qui existe. Il serait avantageux pour le bien de la société qu'on cherchât à le multiplier davantage. Il est probable qu'il est aussi vieux que l'homme; mais la fécondité des femelles a dû en multiplier l'espèce plus promptement. Tout prouve que l'abeille a d'abord été sauvage, et qu'elle est restée dans cet état jusqu'au moment où l'homme, à qui tout convient, l'a réunie à son domaine pour s'approprier une partie de ses provisions. Il a logé les essaims dans des vaisseaux que l'on appelle *ruches*, et qui varient pour la forme et la capacité. Les premiers hommes qui ont examiné les habitations des abeilles ont dû être bien surpris d'y trouver plus de constance, plus d'activité, plus de travail, et sur-tout plus d'économie, que dans leurs

familles ; car dans le principe tous les
hommes étaient paresseux et gourmands :
il y en a encore qui se ressentent de ces
heureuses dispositions.

L'ordre qui règne dans la monarchie des
abeilles, leur uniformité, tant d'art et tant
d'utilité dans leur travail, ont attiré les
regards des hommes instruits. L'abondance
de la cire et la douceur du miel ont fixé
ceux des avides et des avares. Les premiers ont étudié leurs lois, leurs habitudes, etc. Une partie leur a prêté bien
des merveilles qu'elles n'ont pas, et a laissé
échapper une multitude de particularités
utiles et curieuses qu'elles possèdent. L'autre,
en cherchant la vérité, l'a rencontrée sur
quelques points, et a contribué à l'augmentation des ruches. Mais malheureusement les hommes célèbres se sont plus
occupés de l'histoire naturelle et de l'anatomie des abeilles que de leurs propres
besoins ou du besoin animal, et des pâturages qui leur conviennent. Quant aux
avides et aux avares, ils ont rendu aux
abeilles les services qu'ils rendent ailleurs.

Diverses espèces de Mouches qui composent un Essaim.

Toutes les personnes qui s'occuperont de l'éducation des abeilles remarqueront dans un essaim trois espèces de mouches bien distinctes. Les reines et les faux bourdons sont en plus grand nombre dans les vieilles ruches. La première espèce, qui est la plus nombreuse, sont les ouvrières ; je donnerai une idée des variétés de cette espèce à la fin de cet article. La deuxième sont les faux bourdons ou les mâles, et la troisième les femelles que l'on nomme aussi *reines*.

De l'Ouvrière.

Les parties extérieures de l'abeille ouvrière que l'on remarque à l'œil nu sont la tête, le corselet, et le ventre qui est la partie postérieure. On voit à la tête deux

yeux à réseau, deux antennes, deux serres
ou mâchoires et une trompe. Le corselet
tient à la tête par un col très-petit et
très-court; il est garni de quatre ailes
dessus et de six pates dessous, dont les
deux de la troisième paire, plus longues
que les autres, ont extérieurement des
enfoncemens bordés de poil roides qui servent aux abeilles pour placer la cire non
élaborée que nous leur voyons apporter à
la ruche. Ces six pates se terminent en
forme de crochet; sous le milieu de chacune
il y a une brosse qu'elles emploient adroitement pour saisir la poussière des fleurs
et pour polir leur ouvrage. Le corps, ou
plutôt le ventre, est uni au corselet par un
muscle de la grosseur d'un fil; il est composé de six anneaux écailleux. Outre les
intestins, il contient une bouteille ou vessie
que les abeilles remplissent de miel quand
elles en trouvent en abondance : une partie
est pour leur nourriture; le surplus elles
vont l'emmagasiner dans la ruche s'il y a
encore du couvain. C'est particulièrement
à la sortie d'un essaim, ou lorsque les
abeilles trouvent du miel pur hors de leur

ruche, que cette bouteille est amplement
fournie ; quelquefois elle est si grosse
qu'elle fait ouvrir trois des anneaux du ventre. A la racine de l'aiguillon, qui est placé
à l'extrémité du ventre, se trouve une petite
vessie remplie de venin, et c'est par le tuyau
de l'aiguillon que l'abeille introduit ce venin
dans la plaie qu'elle a faite avec son dard.
L'extérieur de l'aiguillon est en forme d'a-
rête de blé ; il entre aisément, et ne peut
plus sortir des corps un peu serrés ; aussi la
piqûre que fait une abeille lui est presque
toujours fatale : en se retirant elle laisse
son dard qui entraîne une partie des intestins, et l'abeille meurt peu d'instans après.
Il paraît qu'à la racine de l'aiguillon il se
trouve des muscles que je n'ai pu distinguer,
qui le disposent à se roidir même sans la
volonté de l'abeille.

Voici ce que j'ai observé en examinant
un aiguillon qu'une abeille avait laissé sur
la manche de mon habit : L'ayant posé sur
ma main, je sentis immédiatement une dé-
mangeaison, et j'aperçus l'aiguillon en mouvement ; il se redressa en s'enfonçant légèrement dans l'épiderme : je l'abattis deux

fois, deux fois il reprit sa position en cau-
sant un chatouillement moins sensible la
deuxième fois que la première. Depuis j'ai
répété cette observation, et j'ai souvent retrouvé les mêmes circonstances. Les organes que je viens de dépeindre paraissent
à l'œil nu d'une organisation merveilleuse;
leur description par un savant naturaliste
doit être une chose admirable.

Variétés des Ouvrières.

On confond sous la dénomination d'*ouvrière* tout ce qui n'est pas reine ou bourdon; cependant il existe des différences si
marquées et si utiles à connaître qu'il est
très-important de donner une idée des plus
nombreuses. Le nom d'*ouvrière* comprend,
1.º les ouvrières proprement dites, desquelles
on devrait distinguer les cirières, car je
regarde presque comme certain que toutes
les ouvrières n'ont pas la faculté, ou au
moins ne sont point occupées de la sécrétion de la cire; 2.º les butineuses : ce sont

celles qui rapportent le miel et la cire
bruts; 3.º les gardes : cette variété ne quitte
point l'entrée de la ruche ; une partie de
ces mouches y fait le guet jour et nuit ;
4.º celles qui semblent avoir la police de la
ruche , la distribution du travail et l'escorte
de la reine. Cette variété est facile à distinguer : les mouches ont les anneaux presque noirs; on dirait qu'elles forment une
espèce de société qui préside à la construction des rayons, à l'emmagasinement
des provisions, à la distribution des vivres,
c'est-à-dire qu'elles ouvrent les alvéoles qui
doivent être entamés , et avec une telle
économie que les abeilles consommeraient
en moins d'un jour , dans un lieu étranger,
ce qui dure plusieurs mois dans leur ruche.
S'il se trouve un couteau chanci , piqué
ou altéré de quelque manière, c'est toujours le premier consommé; la plus belle
qualité est conservée pour l'avenir, c'est-
à-dire pour la nourriture des jeunes vers.
C'est encore cette variété qui semble pré-
sider à la résolution d'essaimer , et qui met
à l'abandon pour cet instant tous les trésors de la ruche. On trouve peu ou point

de miel dans un panier qui a essaimé plusieurs fois. Quoique j'aie souvent surpris
des abeilles de cette variété occupées aux
emplois que je viens de désigner, je donne
néanmoins ces faits comme des conjectures.
Il y a plusieurs moyens de s'assurer que
les mouches d'un essaim s'approvisionnent
avant de partir : 1.º en visitant la vessie
des abeilles quand elles ont quitté la mère-
ruche; 2.º en marquant exactement les couteaux quelques instans avant le départ de
l'essaim; 3.º en enfermant l'essaim, avant
que les butineuses soient allées à la quête,
pendant huit ou dix jours; 4.º enfin en
chassant les abeilles de la mère-ruche
avant et après le départ de l'essaim, et en
pesant la ruche dans ces deux cas. J'ai
répété toutes ces expériences, et j'ai toujours obtenu les mêmes résultats, c'est-à-dire
que quatre mille abeilles environ emportent
une livre de miel.

Des personnes prétendent que les ouvrières
se réduisent à deux variétés : c'est une grande
erreur. Outre les quatre que je viens de
désigner, il y en a encore beaucoup d'autres.
On peut dire, sans craindre de se tromper,

qu'un œil exercé ne rencontre pas deux abeilles de différentes ruches exactement semblables : c'est là le grand art de la Nature.

Je ne partage pas l'opinion commune sur la petite flamande : bien des personnes la recherchent et conseillent de la choisir de préférence à toute autre ; pour moi, j'estime davantage les grosses rondes et celles qui ont la partie postérieure très-alongée. Ces deux variétés sont assez communes en Bourgogne. La plus laborieuse, mais qui malheureusement est fort rare ici, c'est l'abeille de Lithuanie : elle a des barres noires sur les anneaux, et le dessous du ventre d'un jaune plus clair ; c'est la plus grosse des ouvrières. Ces trois variétés sont les plus grandes, ce sont aussi les plus fortes ; elles construisent des alvéoles plus profonds et un peu plus larges que la petite flamande, que l'on devrait appeler *abeille de Narbonne*, et les remplissent en moins de temps. Huit ou neuf vessies de la grande espèce remplissent un alvéole de six lignes de profondeur sur deux lignes et demie de largeur ; il en faut douze ou treize de la flamande : à la vérité cette dernière a le vol plus rapide, ce qui est un avantage quand elles vont butiner à de grandes distances. Il se trouve encore une infinité de variétés entre la plus grande et la plus petite; dans ma méthode je conseille de prendre celle qui se rapproche le plus de la première.

Un œil exercé distingue facilement les variétés; mais celui qui n'a pas l'habitude des abeilles croit, en les voyant, qu'elles sont toutes l'une comme l'autre : avec une bonne loupe tout le monde peut juger de la différence; elle est, dans certains cas, aussi sensible que celle du chien au loup. Je terminerai cet article par une remarque essentielle.

Observations sur l'Abeille butineuse.

On a dit que le premier soin des abeilles était d'enduire leur ruche et d'en boucher les trous avec de la propolis. Ce fait, qui est considéré comme certain par bien des gens, n'est rien moins qu'impossible. On verra à l'article *Propolis* comment les butineuses en

font la récolte et l'emploi. On verra éga‑
lement à l'article *Essaim* que lorsqu'il part
de la ruche il a des provisions pour plu‑
sieurs jours, dans lesquelles il ne se trouve
point de propolis, et que c'est avec ces
provisions que les ouvrières commencent
leurs rayons, avant même que la butineuse
soit allée à la quête. D'ailleurs, que l'on visite
un essaim de quinze jours, on n'y trouvera
pas un milligramme de propolis.

On a dit aussi légèrement que la buti‑
neuse, pour ramasser les poussières des
fleurs, entrait dans le calice, se roulait sur
les étamines; que par cette manœuvre les
poussières fécondantes s'attachaient aux poils
dont elle est couverte; qu'elle les brossait
ensuite et les plaçait dans les cuillers
qu'elle a aux pates de la troisième paire,
et que cela était le vrai pollen que nous
leur voyons apporter à la ruche. Cette cir‑
constance n'est pas plus probable que la pré‑
cédente. Mais, comme elle peut être très‑
nuisible et induire en erreur les cultivateurs
d'abeilles, et particulièrement ceux qui sui‑
vront ma méthode, je vais essayer d'en
prouver l'invraisemblance. Remarquons d'a‑

bord qu'en nous expliquant le mécanisme
avec lequel la butineuse fait la récolte des
poussières dans les fleurs à grand calice,
on n'aurait pas dû nous laisser ignorer les
moyens qu'elle emploie pour s'approprier
celles des fleurs à petit calice; je dis que
cette observation peut induire en erreur
parce qu'elle peut faire croire que les fleurs
à grand calice sont plus avantageuses aux
abeilles que celles qui n'en ont qu'un petit.
On pourrait même penser que les premières
sont les seules sur lesquelles la butineuse
peut prendre des poussières puisqu'elle ne
peut entrer dans les autres. Elle peut donc
déterminer le cultivateur à placer de préférence ses ruches dans les lieux où croissent
les fleurs à grand calice, ce qui serait contraire à ses intérêts.

On voit, à la vérité, des abeilles revenir
à la ruche la tête et le corselet couverts
de poussières de différentes nuances; mais
les personnes qui ont avancé le fait que
je conteste auraient dû remarquer que cela
n'arrive que le matin, et particulièrement
quand il y a de la rosée; que ces nuances
ne sont que des poussières perdues, échap-

pées ou volantes, qui tapissent le fond et les
côtés du calice ; que l'abeille ne s'en charge
pas à dessein, et que ce n'est qu'en faisant
des efforts pour entrer dans le cœur, et
quand elle y est pour percer la pellicule
du nectaire avec sa trompe, qu'elle s'attache après elle. Les poussières prolifiques
que la butineuse recherche sont plus abondantes dans les fleurs hermaphrodites et
les fleurs femelles ; elles sont renfermées dans
des sacs que l'on appelle *sommets ;* elle les
perce et en tire une petite quantité de poussière qu'elle place dans ses cuillers. Nous
examinerons à l'article *Cire* ce que deviennent ces petites pelottes que nous voyons
apporter à la ruche pendant le printemps et
l'été.

Quant aux poussières volantes dont la
butineuse est couverte, elles ne sont d'aucune utilité, et si l'abeille en est moins
chargée en sortant qu'en entrant dans la
ruche, c'est qu'elle les perd en perçant la
foule innombrable d'ouvrières qui est autour du rayon où elle va déposer sa charge.
Si la butineuse recherchait les fleurs mâles,
qui sont toutes à poussières volantes, on la

verrait s'arrêter sur les fleurs à chatons,
et si elle préférait les grands calices aux
petits, on la trouverait plus souvent sur les
fleurs à gros mufle. J'estime que les fleurs
à calice étroit, serré sans être noué, ren-
versé ou recouvert d'une pétale lisse, double,
simple ou ployée, telles que le thym, le
pouliot, le serpolet, l'hysope, le baume, le
sainfoin, la lavande, le mélilot, les troënes, les
navettes, la germandrée, les mélisses, etc.,
contiennent en plus grande quantité les
substances sucrées et oxides, et que par conséquent elles conviennent davantage aux
abeilles : ce qui le prouve jusqu'à l'évi-
dence c'est qu'où ces fleurs sont mêlées avec
d'autres à grand calice on ne trouve pas
une mouche sur ces dernières ; j'en excepte
cependant les semences froides. On doit
donc de préférence placer ses ruches dans
les climats où ces plantes croissent. Voyez
Choix des Pâturages.

Avant de passer à un autre article, j'invite
l'amateur qui veut connaître la manière
dont l'abeille récolte les matières que
l'on trouve dans sa ruche, à la suivre
sur les fleurs de courges et de citrouilles; il

sera plus disposé à me croire. Je vais même lui donner quelques détails qui faciliteront ses observations.

Remarques sur les Fleurs de Courges.

Les fleurs de courges et de citrouilles, ainsi que celles des quatre semences froides, sont de deux espèces. La corolle est d'une seule pièce, elle forme une cloche à cinq becs; au milieu de la cloche, dans les fleurs mâles et stériles, s'élève un seul sommet droit garni d'étamines et de poussière volante extérieurement, laquelle se détache seule, tapisse toute la partie intérieure de la cloche et va ensuite féconder les fleurs femelles. Cette fleur, quoique stérile, contient beaucoup de miel; à côté du pistil se trouvent plusieurs glandes qui en sont remplies. Les abeilles en sont très-friandes, et entrent quelquefois trois ou quatre en même temps dans la même fleur. La cloche étant large et évasée, il est facile d'examiner les abeilles

3

occupées; on peut aisément distinguer les plaies qu'elles font avec leurs dents pour introduire la trompe et soutirer le miel. En s'agitant elles se couvrent de poussière volante; mais on ne les voit nullement la placer dans leurs cuillers ni s'attacher aux étamines qui produisent la poussière.

La cloche de la fleur femelle est à peu près la même que la précédente ; mais le pistil est entouré de sept sommets contenant tous de la poussière prolifique, et se réunissant à un tronc commun au-dessus d'une cavité qui se trouve au fond de la cloche et qui n'existe pas dans les fleurs mâles. Les glandes nectarifères sont au bas de la cavité, tandis que les sacs contenant des poussières sont à l'extrémité des sommets. On peut voir la butineuse ouvrir les sacs et placer les poussières prolifiques dans ses cuillers, puis se précipiter dans la cavité, sous les sommets, pour chercher du miel. Cette fleur contient plus qu'aucune autre de miel et de cire bruts. Je n'entrerai pas dans de plus longs détails; je prie les amateurs d'examiner.

Du faux Bourdon.

Les faux bourdons sont les mâles; ils sont aisés à distinguer des ouvrières. Ils sont plus gros, plus velus; la tête est ronde, et les yeux à réseau, au lieu d'être sur le côté, couvrent toute la partie supérieure de la tête. Leur trompe paraît plus courte et plus déliée. Ils n'ont point de cuillers aux pates ni d'aiguillon. En leur pressant le derrière on fait sortir les parties sexuelles avec une matière laiteuse. Ces parties font un volume disproportionné avec le corps du faux bourdon. Il est probable qu'elles se composent de muscles qui les tiennent en situation, et qui les empêchent de rentrer dans le corps de l'insecte lorsqu'elles en sont sorties, ce qui occasionne la mort du mâle. Les faux bourdons ne travaillent pas, à ce que l'on dit communément; ce n'est pas tout-à-fait mon opinion: leur utilité est de féconder les reines, mais tous n'ont pas le bonheur de jouir de leurs faveurs. Ceux qui les

possèdent paient ce bonheur fort cher : ils
l'échangent contre la vie. Bien des personnes font naître les faux bourdons en
mai et juin, et les font massacrer en deux
ou trois jours au mois d'août. J'observerai
à cet égard que j'ai vu des faux bourdons
au mois d'avril et même en mars, mais
en petite quantité, et pas en France. Quant
au massacre, il est déterminé par les besoins
de la ruche depuis le mois de mai jusqu'à
la fin de septembre, mais toujours lorsque
les jeunes reines sont fécondées. J'en ai
vu massacrer une partie en mai, et d'autres
exister au mois de novembre. Cette dernière circonstance ne se rencontre que
quand il y a du couvain jusqu'à cette époque,
ou lorsque les ouvrières ne sont pas assez
nombreuses pour se rendre maîtresses. Le
massacre des mâles est fait par les ouvrières
et les butineuses. Les premières chassent
les faux bourdons de dessus les rayons; ils
se retirent ordinairement sur le siége de
la ruche. C'est là qu'ils sont attaqués par les
gardes et les butineuses. Elles les saisissent
avec leurs dents par une aile, et ramènent la
partie postérieure aussi près que possible pour

pouvoir darder leur aiguillon entre le ventre
et le corselet. Lorsqu'elles ne rencontrent
pas l'articulation, et que l'aiguillon frappe
sur les anneaux, le faux bourdon emporte
l'abeille qui le presse à de grandes distances,
et finit par s'en débarrasser ; mais il est
repris de nouveau en rentrant dans la
ruche. Les ouvrières, c'est-à-dire les gardes
et les butineuses, frappent aussi les bourdons en entrant et en sortant de la ruche ;
quelquefois même elles les attaquent dehors :
dans ces cas elles ont moins d'avantage,
et les bourdons les entraînent fréquemment.
Ces combats durent toujours plusieurs jours,
assez souvent plusieurs semaines, dans la
même ruche. Le nombre des mâles n'est
pas toujours en proportion avec le nombre
des ouvrières ; dans une ruche qui a essaimé
plusieurs fois ils peuvent être si nombreux
que les abeilles font des efforts inutiles
pour les détruire : c'est ici le cas de les
aider. J'ai remarqué bien des fois que les
ruches qui tuent les mâles avant d'essaimer,
soit en totalité, soit en partie, donnent
rarement des essaims.

On prétend que si la reine fait une ponte

d'œufs de mâles, et que cette ponte ne soit pas accomplie dans les dix premiers jours de sa vie, elle ne pondra plus que des œufs de cette sorte. Il est bien difficile de s'assurer de ces faits; j'avoue que je n'y suis jamais parvenu. J'ai visité et dépecé pour mon instruction plusieurs centaines de ruches; il ne m'est jamais arrivé de n'y rencontrer que du couvain de faux bourdons. Dans le mois d'août j'ai souvent trouvé des nymphes d'ouvrières parmi celles de bourdons dans les alvéoles du grand modèle, à la vérité en petite quantité; tandis qu'au mois de mars dans les ruches fortes, et plus tard dans les essaims de quinze à dix-huit jours, on trouve quelques nymphes de mâles parmi celles d'ouvrières dans de petits alvéoles. Je ne donnerai point mon opinion sur cette différence; je viens de faire construire un appareil de ruche qui me mettra dans le cas de citer des faits au lieu de conjectures. En attendant, je vais rapporter des exemples :

Le 17 novembre 1823, j'aperçus par un beau temps une grande quantité de faux bourdons sortir de deux ruches; n'ayant

pas encore vu cette circonstance, je me
hâtai d'en rechercher la cause. En visitant l'intérieur de ces deux ruches, je re-
marquai que les ouvrières y étaient peu
nombreuses; que dans une elles faisaient
de vains efforts pour se rendre maîtresses;
que dans l'autre il y avait encore du couvain
dont la presque totalité était des nymphes
de faux bourdons. Désirant profiter de cette
occasion, je chassai toutes les mouches d'une
ruche; l'ayant reposée sur son siége, je
bouchai l'entrée avec de la terre-glaise dans
laquelle je fis un trou pour entrer à peine
une ouvrière; les faux bourdons ne pouvant
passer, je les tuais au fur et à mesure qu'ils se
présentaient. La seconde ruche, à laquelle je
n'avais pas touché, périt de faim dès le mois
de janvier; celle où j'avais tué les mâles
mourut aussi, mais seulement à la fin de
mars.

Depuis j'ai constamment aidé aux ouvrières à massacrer leurs mâles lorsque ce
travail n'est pas terminé à la mi-août. C'est
une précaution utile et facile. Dans l'après-
midi d'une journée chaude on les saisit en
entrant ou en sortant de la ruche avec

une petite pince ou tout simplement avec
les doigts : dans les deux cas, on he doit
pas oublier de se couvrir la main d'un gant
doublé, quand même il serait en peau de
daim. Il suffit d'en détruire une petite
partie; les abeilles achèvent promptement
l'opération. Je ne me suis jamais aperçu
que les essaims de l'année aient besoin
d'aide; ce que l'on dit à cet égard n'est
pas fondé.

Des Reines.

La reine est la mère et la gouvernante
de la ruche; elle est chérie de ses enfans;
leur attachement pour elle n'a point
d'exemple dans aucune espèce d'êtres connus. La reine est la seule vraie femelle ;
tout le reste de la population, les faux
bourdons exceptés, n'est composé que de
mulets. Elle est plus grosse et plus alongée
que les ouvrières; elle est moins velue
que les mâles. Ses yeux à réseau sont à

côté de la tête, et la partie postérieure
du ventre finit en pointe comme celle des
ouvrières. Ses ailes sont moins longues
que celles des autres abeilles, c'est-à-dire
qu'elles paraissent plus courtes sans l'être
effectivement; elles ne dépassent pas le
cinquième anneau du ventre. Sa couleur
est d'un jaune plus vif que celle des ouvrières, particulièrement les deux pates de la
troisième paire et le dessous du ventre. Il
est difficile d'indiquer l'époque à laquelle
elle commence ou finit sa ponte; elle pond
presque toute l'année : il ne faut cependant
pas prendre cette expression à la lettre.
On ne peut guère plus apprécier la quantité
d'œufs qu'elle fait; cela dépend peut-être
du temps, peut-être aussi de ses dispositions,
de son âge ou d'autres circonstances. Je
ne m'occuperai point de la fécondité des
reines; je laisse cette partie à la Nature,
elle la soigne toujours très-bien; mon
projet est de corriger quelques abus, et de
contribuer à l'augmentation des ruches. Au
surplus, je ne pourrais quant à présent rien
ajouter aux contes que l'on débite sur cette
partie , puisqu'avec toutes les précautions

et tous les soins que j'ai pris je ne suis point
parvenu à découvrir un seul accouplement volontaire. Les amours de la reine
des abeilles ressemblent à celles de beaucoup
d'autres. . . . . . Si ce que l'on dit sur le
temps de l'accouplement est vrai, mes reines
naissent avec de bonnes dispositions, car
depuis que je tiens des ruches, dans toutes
mes expériences, je n'ai pas remarqué un
gâteau dont les alvéoles fussent tous occupés par du couvain de faux bourdons,
je veux dire par des vers ou des nymphes;
je conviens que je ne puis distinguer les
œufs mâles des œufs femelles, c'est au
contraire le point où je trouve le plus d'u-
niformité. Chaque année le couvain de
mars est moins chargé de bourdons que
celui d'avril; celui de mai moins encore
que celui de juin et plus que celui d'avril,
et ainsi de suite. J'attribue, sans l'affirmer,
cette différence à l'âge des reines et à la
température.

La reine vivrait aussi long-temps et peut-
être plus que les ouvrières, deux ans et
quelques jours; mais il est probable qu'elle
n'atteint cet âge que quand les ouvrières

sont dans l'impossibilité de la remplacer
par une jeune. Dans ce cas, qui arrive
rarement, la ruche est ordinairement faible;
la reine étant moins féconde vieille que
que jeune, elle est aussi moins active,
moins vigilante; les ouvrières se ressentent
de son indolence; la monarchie souffre;
et si malheureusement elle vient à mourir
avant qu'il n'y ait une héritière née ou
au berceau, le découragement s'empare
de toute la population, le travail cesse et
la ruche est perdue. Cette règle a cependant ses exceptions : si la reine meurt
pendant qu'il y a du couvain dans la ruche,
les abeilles parviennent quelquefois à la
remplacer; j'ajourne l'explication des détails
de cette opération. Il est très-facile de s'a-
percevoir qu'une ruche est sans chef : les
mouches sont tristes, elles ne butinent plus;
si on frappe contre, les gardes se réunissent en bourdonnant, mais sans quitter
l'entrée. Si la reine périt avant le massacre
des mâles, les ouvrières n'ont pas le courage de s'en défaire, et les faux bourdons
les aident à consommer leurs provisions;
si elles sont assez abondantes, ces derniers

meurent naturellement au mois de mars
et dans les premiers jours d'avril. Dès
qu'on remarque ces circonstances, on doit
être convaincu que les abeilles sont dans
l'impossibilité de réparer leur perte; pour
les conserver voici les moyens que j'emploie:
Si la reine meurt dans le temps des essaims,
ou peu de temps auparavant, je jette le
premier essaim qui me vient dans la ruche
désœuvrée; à toute autre époque de l'année
je fais une mutation. (*Voyez* cet article.)

Essai sur la Conservation des Reines surnuméraires.

En 1823, année très-favorable aux abeilles,
je m'étais aperçu que les essaims étaient
suivis de plusieurs reines; tous ceux que
j'enfermai quelques heures dans ma boîte
à essaim en laissaient qui avaient été massacrées. Je crus pouvoir tirer parti de cette
abondance. L'entrée de mes ruches étant

très-basse et fort large, je pensai qu'il me
serait aisé de distinguer les reines au départ
d'un essaim; en conséquence, je surveillai
les ruches qui me paraissaient disposées
à essaimer, et, au moment où les premières
gardes sonnaient le départ, je me plaçais
promptement contre l'entrée de la ruche
en travail; ce que j'avais prévu arriva :
en examinant de près je reconnus parfaitement les différentes espèces de mouches.
Voilà sans doute une découverte heureuse;
mais nos facultés sont si bornées, et les
ressources de la Nature si étendues, que nous
ne pouvons faire un pas en avant sans
rencontrer plusieurs obstacles. J'avais acquis
la preuve qu'avec chaque essaim il y avait
cette année des reines surnuméraires qui
pouvaient être employées utilement ailleurs.
Voici une autre difficulté : comment s'en
emparer, et comment sur-tout distinguer
la reine qui est réellement le chef de la
colonie? Je concevais bien qu'il devait y
avoir de la différence entre la reine-chef
et celles qui suivaient sans emploi, par in-
clination, ou plutôt par précaution, puis-
que la Nature ne donne rien au hasard.

En redoublant d'attention, il me parut qu'une des reines était plus grosse et plus alongée que les autres, qu'elle était recherchée, suivie et entourée aussitôt qu'elle était dehors de la ruche; tandis que celles qui devaient être sacrifiées à la première halte prenaient leur volée en sortant dans la mêlée, ou à côté, sans attirer une mouche à elles. Je conclus de là que je devais prendre ces dernières; cependant je craignais encore de me tromper; et pour plus de sûreté je me munis de rouge-clair le jour suivant, et avec un petit pinceau je peignis le corselet des reines qui me paraissaient comme surnuméraires. J'avais grand soin d'enfermer pendant quelques heures les essaims sur lesquels j'avais fait cette expérience, et d'examiner la boîte après le transvasement. Il ne m'est arrivé qu'une seule fois de ne pas retrouver mortes toute les reines que j'avais marquées. Pendant ce temps perdu le soleil à grands pas tournait vers la balance; les chaleurs de juillet faisaient cesser les essaims. Ne pouvant rien obtenir, je renvoyai la partie à l'année suivante.

Je ne fus pas heureux dans les premiers

essaims de 1824, mais dans le second j'étais parvenu à me procurer cinq reines; je les mis toutes sous une cloche avec un beau couteau de miel et un rayon d'alvéoles neufs; je leur donnai des époux vigoureux, quoique engourdis; elles en usèrent modestement plusieurs douzaines, mais les unes après les autres. Plus réservées que beaucoup d'autres, . . . elles ne recherchent pas les bonnes grâces d'un amant du vivant de leurs époux. Ces malheureux derniers passent toujours du jeu à une léthargie éternelle. La fidelle compagne d'un instant paraît sincèrement affligée de la perte de son mari; elle n'épargne aucun soin pour le tirer de l'assoupissement : elle le soulève, le change de place, lui frotte les yeux avec ses pates et ses antennes, lui offre du miel avec sa trompe; rien ne la distrait, rien ne l'éloigne de ce corps inanimé. Le bourdonnement des autres mâles, les mouvemens rapides, quoique gênés, des autres reines, le miel exquis, leur nourriture commune, tout lui est indifférent : les ombres de la nuit peuvent seules la distraire. La belle aurore reparaît accom-

pagnée de l'espérance et de la consolation.
A peine les premiers rayons du soleil dorent-
ils la voûte concave de la prison, que notre
veuve affligée s'éveille, brosse ses yeux,
ses ailes, ses antennes, oublie le malheur
de la veille, et choisit un nouvel amant;
le perd, s'en afflige, s'en console, et prodigue, après sa mort, ses caresses à un
autre. Le bourdon est très-froid; il est
lourd, lent et difficile à émouvoir. Les
caresses de la reine sont vraiment curieuses;
on croirait qu'elle a fait son apprentissage
à Paris. Dès qu'elle a pris un mâle en
affection, elle ne le quitte plus, elle le
suit partout, le provoque avec ses antennes;
elle s'en sert presque aussi adroitement
qu'une dame espagnole de son *ombrelo*.
Quelquefois elle se place devant lui; d'autres
fois elle le suit en le brossant avec les
pates de la première paire; enfin elle lui
prodigue mille tendresses, et ne parvient à
l'exciter qu'après une ou deux heures d'a-
gaceries. Ce n'est pas tout, notre lourdeau
badine à son tour assez long-temps. Tout-
à-coup ses énormes parties génitales paraissent, et le bourdon tombe avant d'avoir

opéré la copulation. C'est alors que la femelle presse le mâle; elle s'agite beaucoup,
sa vulve s'ouvre et se referme continuellement. Il est probable que la chose se passe
différemment quand les deux amans ont
leur liberté; ce qui le ferait croire c'est
qu'ils cherchent tous deux à prendre le
vol dès qu'ils sont prêts à s'accoupler. Je
conseille aux curieux de voir la chose par
eux-mêmes; la peinture que j'en fais est
trop faible pour en donner une idée.

Je pris de ces reines tous les soins possibles; rien ne leur manqua que la liberté;
cependant elles périrent toutes au mois de
septembre : je ne sais si c'est d'ennui ou
d'autre chose. Après leur mort je les dissé-
quai ; aucune n'avait les ovaires garnis
d'œufs. Cet échec ne me fait pas perdre
l'espoir d'élever des reines.

CHAPITRE III.

Matières qui sont dans une Ruche.

On trouve dans une ruche d'un an et au-dessus, de la cire, du miel et de la propolis. Cette dernière substance y est en petite quantité, et n'étant pas susceptible d'être divisée, on la voit toujours dans son premier état, c'est-à-dire comme elle a été récoltée. Le miel et la cire, au contraire, éprouvent plusieurs changemens à différentes époques de l'année.

De la Cire.

La cire pure est une huile qui se fige aussitôt qu'elle n'est plus au degré de chaleur qui la tient liquide. L'abeille butineuse

la récolte sur toutes les fleurs. J'avais cru
depuis plus de dix ans que la cire prove-
nait des poussières ou plutôt des pelottes
que les abeilles apportent à la ruche ; car
ces pelottes ne sont pas uniquement com-
posées de poussières, les butineuses y mê-
lent, pour les unir, une substance qui forme
une couche glacée au fond du calice des
fleurs. Je pensais que ces matières d'abord
déposées dans des alvéoles, mélangées ensuite avec du miel, et élaborées dans l'estomac d'une variété d'ouvrières qui avaient
des organes propres à sécréter la cire et à
dégorger en substance pâteuse et miélée les
corps étrangers qui se trouvaient mêlés avec
elle dans les pelottes de poussières, ce résidu
d'élaboration, emmagasiné de nouveau,
composait le vrai pollen, et servait de nourriture à toute la population active de la
ruche. J'avais fait des expériences en grand,
qui, combinées avec l'état naturel des
abeilles, semblaient fortifier cette opinion.
Dans l'état naturel des ruches, les abeilles
ouvrières ne commencent leur travail en cire
que vingt-cinq à trente jours après que les
butineuses ont rapporté des poussières.

En 1824, le 20 février, j'avais marqué
les rayons de cent ruches qui contenaient
toutes des vers et du couvain bouché. Elles
se trouvaient dans un pâturage précoce, les
primeroles, la coquelourde, la violette, le
marseau, la moscatelline, étaient en pleine
fleur dès les premiers jours de mars. Les
butineuses rapportaient beaucoup, et cepeu-
dant les premiers alvéoles neufs né furent
commencés que le 12 avril, et dans quelques
ruches seulement; une assez grande quantité
tarda jusqu'au 20. Telle était ma croyance
sur l'origine de la cire, lorsqu'une expérience singulière vint déranger ces combi-
naisons. Quoique j'aie promis de ne point
m'occuper d'histoire naturelle dans cet ouvrage, qui est particulièrement destiné à
mes collégues les gens de la campagne, je
ne puis me dispenser de faire connaître une
petite partie des détails de cette expérience
que j'ai répétée depuis; ils peuvent contribuer à débrouiller le chaos dans lequel
paraît encore ensevelie l'histoire naturelle
des abeilles.

Le 14 juin 1822 j'avais logé deux forts
essaims dans une grande ruche. On verra

à l'article *Essaim* que deux familles peuvent
vivre et travailler séparément dans la même
ruche. Le 12 janvier suivant 1823, il me
prit fantaisie de dépecer cette ruche; je
la portai dans une chambre dans laquelle
le thermomètre se soutenait à dix degrés.
Les abeilles y étaient si nombreuses qu'au
premier mouvement que je fis sur les rayons
du bas il en sortit 674 qui se jetèrent contre
les croisées; le temps était à la gelée, la
fraîcheur des verres les fit tomber, elles
restèrent engourdies sur le pavé; je les ramassai l'une après l'autre, et les rendis à la
vie et ensuite à leurs compagnes par une
chaleur de quatorze degrés. J'avais couvert
la ruche avec un linge pour me donner le
temps de faire mes dispositions. Désespérant
de pouvoir suivre une si grande quantité
de mouches, je pris le parti de les séparer.
Je plaçai donc une ruche pleine sur celle
qui devait être sacrifiée; elle était renversée;
je pratiquai un trou dessous, et fis passer
avec de la fumée la plus grande partie des
abeilles dans la ruche du dessus. Lorsque
je présumai qu'il en restait peu, je cessai
de fumer, bouchai le trou, éteignis le poêle

et ouvris les fenêtres. La température tomba
promptement à zéro. Les abeilles des deux
ruches se serrèrent les unes contre les autres;
je posai la ruche que je voulais conserver
sur un siége, et dépeçai l'autre; j'y trouvai
plus de 112 mille alvéoles en trente deux
rayons, dont les trois cinquièmes étaient
pleins de miel; 216 contenaient déjà du
couvain bouché, 352 des vers de différens
âges, et 770 des œufs; il s'y trouvait aussi
6445 alvéoles du grand modèle, dont 1203
remplis de miel. Trois couteaux contenant
les vers et les œufs étaient entièrement
garnis de miel clarifié relevé d'un petit goût
aigrelet; les vers étaient abondamment pour-
vus de cette nourriture. Il restait après ces
trois gâteaux ou couteaux une reine et
environ cinq cents abeilles (je ne pus par-
venir à les compter exactement), presque
toutes ouvrières, parmi lesquelles il se trouvait à peine soixante butineuses. J'avais
une ruche vitrée de vingt lignes d'épaisseur;
je plaçai au-dessus, entre des fils de fer mis
à dessein, un rayon à grands alvéoles, dont
le quart contenait du miel superbe; à côté
un couteau de petits alvéoles bien garni. Au

bas, toujours entre des fils de fer, deux
morceaux de couteau contenant du miel
clarifié, sans aucun ver ni œuf, et ensuite
toutes les mouches. L'opération fut terminée
le 14. En fermant la porte, la pointe d'un
des couteaux du bas s'inclina et serra trois
abeilles contre le verre. Le 15 les mouches
restèrent groupées sur les deux couteaux
du bas, et dans l'inaction. Le 16 elles cou-
pèrent ce qui touchait au verre, et déga-
gèrent les trois malheureuses. Le 17 la mère
pondit un œuf dans un alvéole duquel le
miel clarifié avait été enlevé. Les mouches
étaient agitées ; elles se rangèrent toutes
sur le même couteau. Le 18 elles tendirent
deux cordons en cire pour soutenir le
gâteau qui contenait déjà plusieurs œufs.
Le 19 j'aperçus huit petits creux que je
jugeai être le commencement d'autant d'alvéoles. Les 20 et 21 on distinguait des lo-
sanges et le bas de l'hexagone de huit cellules ; seize nouveaux creux paraissaient.
Du 22 au 26 trois vers furent bouchés, dix-
sept éclos, et quarante alvéoles étaient plus
ou moins avancés ; deux avaient cinq lignes
de profondeur. Les jours suivans les travaux

furent poussés avec activité. Le 1.er février
onze alvéoles contenant des vers étaient
fermés, cinq nouveaux achevés et soixante-
deux en construction ; toutes les abeilles
étaient occupées, à l'exception d'une cin-
quantaine qui parcourait la ruche cherchant
les moyens d'en sortir. Leur petit nombre
permettait de distinguer l'occupation de
chacune ; une centaine restait sans mouvement les ailes étendues sur les alvéoles de
miel clarifié, et trempait de temps à autre
ses trompes dedans ; un plus grand nombre
paraissait couvrir les œufs et donner à manger aux vers ; d'autres étaient occupées à
boucher les vers qui avaient plus de quatre
jours ; le reste travaillait aux alvéoles neufs :
ces mouches étaient si peu nombreuses que
souvent il ne s'en trouvait qu'une ou deux
sur chaque. J'oubliais de dire que le travail
allait de bas en haut, et que je n'avais
point mis d'eau dans la ruche.

En divisant ainsi les abeilles, on peut
distinguer les variétés d'ouvrières, juger
de leur emploi, de leur travail ; les suivre
dans chaque opération et dans une foule
de circonstances curieuses. Je ne pousserai

pas plus loin ces détails, mon intention, n'étant que d'établir que les abeilles ont la faculté de faire la cire sans le secours de poussière ni d'autre matière que de la vieille cire et du miel. Est-ce en fondant la vieille cire ou est-ce par la sécrétion du miel qu'elles en font de la nouvelle? J'ai cherché à éclaircir ces questions; j'en rendrai compte une autre fois.

— ⸺ —

Travail en cire, ou Architecture des Abeilles.

On serait tenté de croire que les abeilles ont des formes ou des instrumens naturels analogues au travail qu'elles exécutent. Sans m'être occupé d'anatomie, j'ai pu remarquer qu'elles ne portaient aucune partie qui ressemblât au fond pyramidal taillé en losange, ni au tube prismatique hexagone qui compose un alvéole. Elles travaillent sans modèle par un instinct naturel, et elles ne se trompent jamais. Par le procédé que j'ai employé en divisant les abeilles, on

peut les suivre à leur ouvrage avec autant
de facilité que nous regardons un ouvrier
maçonner les cotés d'un puits ; pour toute
précaution il faut tâcher de les obliger à
construire de bas en haut. J'ai pu les examiner aussi souvent et aussi long-temps
que je le désirais ; j'ai toujours vu la même
chose à l'égard des constructions, c'est-à-
dire qu'elles emploient la cire par miette
ou molécules qui paraissent molles : ce qui
le fait croire c'est qu'elles sont immédiatement adhérentes. L'abeille taille, pose,
ébauche avec ses dents, et polit avec les
pates de la première paire. Je ne lui ai
jamais vu employer d'autres instrumens à
ses inimitables édifices.

J'engage les naturalistes et les amateurs
à répéter mes expériences ; elles leur pro-
cureront la connaissance de l'origine de
la cire, comment s'en fait la sécrétion, et
particulièrement la manière dont elle est
employée.

Dans l'état naturel les abeilles se servent
de la cire élaborée pour construire des
rayons qu'elles commencent habituellement
au-dessus de la ruche, et qu'elles continuent

perpendiculairement jusqu'à cinq ou six
lignes du siége quand elles ont du temps et
des matériaux, ou plutôt tant qu'il y a du couvain dans la ruche, car elles ne travaillent
que pour la nouvelle génération. Aussitôt
que la dernière nymphe est sortie les travaux
cessent, et les ouvrières ne les reprennent
que lorsque la mère abeille a recommencé
sa ponte. Ces rayons sont le plus souvent
plats, quelquefois ronds, branchus, et
dans tous les cas garnis d'alvéoles sur toutes
les faces. En examinant au soleil un rayon
plat qui vient d'être fini, qui ne contient
et n'a contenu ni couvain ni provision, on
est à la fois surpris, ébloui et enchanté. La
simplicité, la légèreté d'un travail fini, l'ordre, la symétrie, la beauté de la matière,
les trois points de lumière que l'on aperçoit
au fond de chaque alvéole, l'uniformité des
triangles, etc., cet ensemble forme un spectacle charmant.

Les alvéoles sont destinés à recevoir les
provisions et à servir de berceaux au couvain ; ils sont rangés avec un ordre admirable ; c'est sur-tout dans la courbure d'un
rayon que les abeilles font briller leur savoir.

Dans ce cas la ligne convexe est beaucoup
plus longue que la ligne concave ; il faut
cependant conserver la régularité aux alvéoles. Pour gagner de l'espace elles diminuent un peu l'entrée ou le fond de la
cellules uivant la position où elles se trouvent,
et laissent des interstices en haut et en bas
selon que le besoin l'exige ; elles soutiennent
dans ces chambrettes les parois de l'alvéole
par de petites cloisons en cire, et conservent par ce moyen la forme invariable aux
six côtés de la cellule. On remarque aussi
quelquefois, dans les rayons droits et plats,
des interstices de différentes formes et de
différens diamètres, bouchés avec des couverts de cire très-minces.

Si l'illustre Buffon avait examiné un rayon
branchu, il eût traité plus favorablement
les abeilles, car un interstice seul combat
et détruit entièrement son système.

Lorsque les ouvrières construisent un
alvéole de plus grande dimension, celui
qui y correspond a le même diamètre, mais
la profondeur varie souvent. Les abeilles
apportent dans l'établissement des rayons
le même ordre que dans la construction des

alvéoles : les distances sont exactement conservées ; des trous sont ménagés pour faciliter la circulation, éviter les détours, la perte du temps, et établir des courans d'air; enfin tout y est parachevé. La cire nouvelle est toujours blanche ; elle jaunit et noircit dans la suite; mais elle ne se gâte guère que quand elle prend de l'humidité, ou quand les alvéoles restent plusieurs années sans être occupés : dans ce cas un petit papillon phalène s'introduit quelquefois dans les ruches, y dépose ses œufs d'où naissent des teignes très-dangereuses. Nous parlerons de ce papillon à l'article des *Abeilles.*

Du Miel.

Le miel est une espèce de sirop spiritueux qui est continuellement en fermentation ; plus les ruches en sont fournies, plus la température y est élevée : aussi la mère abeille a-t-elle soin de placer les œufs de

sa première ponte dans les alvéoles les plus
rapprochés du miel, et toujours au centre
de la ruche. Le miel est la nourriture unique
des vers, et même de toute la population
de la ruche lorsque le pollen est consommé.
Les butineuses le recueillent sur toutes les
fleurs; il est ordinairement contenu dans des
glandes nectarifères qui se trouvent placées
au-dessus du crible par lequel se fait l'inconcevable division de la sève. Le miel est en si
petite quantité dans les fleurs que la butineuse est obligée d'en sucer de trois à cinq
cents pour faire sa charge. J'ai suivi des
abeilles sur du sainfoin, et me suis assuré
qu'elles en visitaient jusqu'à huit cents dans
les temps de sécheresse : elles parcourent
cette quantité de fleurs dans l'espace de
deux heures à deux heures et demie. On
conçoit bien qu'il n'en faudrait pas une si
grande quantité si toutes les fleurs étaient
vierges; mais les butineuses se succèdent
sur une fleur comme les amans d'aujour-
d'hui auprès d'une belle : la passion est à
peu près la même; l'abeille préfère une
fleur fournie à la plus belle rose.

Le miel se dissout avec toute espèce de

liqueur; les corps étrangers l'altèrent. Dans
la ruche l'humidité lui est contraire; il s'ai-
grit, se liquéfie, coule des alvéoles, et
donne la dyssenterie aux mouches. Il y a
du miel de plusieurs qualités; le plus estimé
est celui qui est récolté sur les plantes aromatiques et balsamiques : il en conserve quelquefois l'odeur et la couleur, mais il faut
prendre des précautions pour l'avoir tel que
la butineuse le recueille. Nous reviendrons
sur cet article. Nous verrons à l'article
Couvain que les abeilles ont la faculté de
clarifier le miel et de le rendre moins vis-
queux, moins tenace et plus liquide qu'il
ne l'est dans son état naturel.

Des personnes prétendent que la récolte
du miel se fait en juin, d'autres en juillet,
un plus petit nombre s'imagine que c'est le
mois d'août qui le donne : la preuve, disent-
elles, c'est que l'on trouve à cette époque
sur les feuilles une couche de manne qui
est extrêmement sucrée. Les auteurs de
toutes ces versions manquent d'exactitude.
Je ne disconviens pas que l'on trouve quelquefois sur les feuilles une couche blanche
qui est sucrée; cette production naturelle

et extraordinaire n'a point d'époque fixe;
elle se renouvelle plusieurs fois dans certaines années, tandis que dans d'autres elle
ne paraît aucunement. Ceci est accidentel;
mais ce qui est certain c'est que toutes les
fleurs, on pourrait dire toutes les plantes,
pendant la sève produisent du miel, et que
les abeilles le ramassent dans toutes les
saisons, c'est-à-dire tant qu'il y a des fleurs
et du couvain dans la ruche; je conviens
encore qu'il se trouve des plantes pauvres,
d'autres dont les sucs, l'odeur et autres propriétés ne conviennent pas aux abeilles;
mais cela ne leur empêche pas de contenir
du miel.

J'ai arrêté et sacrifié des butineuses à
toutes les époques du printemps, de l'été et
de l'automne, et j'ai toujours trouvé du
miel dans leur vessie. J'admets néanmoins
que les premières fleurs du printemps et
celles de la fin de l'automne sont ordinairement pauvres; je conviens encore qu'il y a
des années où le miel est plus abondant que
dans d'autres, que la sève d'août, sur certains arbres, plantes et arbustes, est très-
sucrée, très-spiritueuse, tandis que celle

d'avril l'est peu. Je sais par expérience que
la première plaît aux abeilles de toutes les
espèces, ainsi que le jus de la plus grande
partie des fruits dans les années chaudes,
sur-tout lorsque ces fruits ont atteint un
degré de maturité un peu forcé : toutes
ces raisons sont vraies, mais elles ne détruisent pas le principe que j'ai posé; il est
incontestable.

Les fruits contiennent du sirop plutôt que
du miel; les abeilles les recherchent pour
leur nourriture, elles n'en apportent rien
à la ruche. Le cultivateur doit donc préférer pour placer ses ruches une belle campagne émaillée de fleurs à une vigne ou à
un verger couvert de fruits : la première
produit sur les abeilles l'effet d'une pluie
abondante sur les plantes; tandis que l'autre
est tout au plus comparable à une douce
rosée dont les gouttes transparentes suspen-
dues à l'extrémité de chaque pampre ra-
fraîchissent pour un moment, s'évaporent
bientôt aux premiers rayons du soleil, et
laissent la plante dans un état pire que celui
où elle était.

5

De la Propolis.

La propolis est une espèce de résine odo-
rante. Je ne suis point parvenu à surprendre
des butineuses occupées à cette récolte, ni
même à en apporter à la ruche; j'ignore,
en conséquence, si elles la trouvent telle
qu'elles l'emploient, ou si elle est élaborée
par une variété d'ouvrières : son opacité,
son adhérence, sa ténacité, et d'autres propriétés, semblent établir le contraire. Je suis
bien loin de croire que le peuplier seul
puisse en fournir. J'ai des ruchers dans des
bois de montagne où il n'y a aucun de ces
arbres; j'en ai vu dans des pays où le peuplier n'est pas connu. Les abeilles trouvent
de la propolis; elles s'en servent pour boucher les trous, les fentes et enduire l'intérieur de leur ruche; elles en couvrent aussi
les corps étrangers qu'elles ne peuvent pas
traîner dehors; elles ont la faculté de s'en
servir plusieurs fois. On trouve dans une
ruche, pendant la saison des fleurs, des
poussières que les abeilles emmagasinent
provisoirement : c'est ce que quelques per-

sonnes appellent *pollen*. On y trouve aussi toute l'année une matière rougeâtre qui est placée dans tous les couteaux intérieurs, et dans quelques alvéoles seulement. C'est une pâte acide, un peu âcre, qui paraît destinée à relever le miel clarifié servant de nourriture aux vers : les gens de la campagne donnent le nom de *rougemont* à cette matière. On voit encore dans toutes les ruches, dans le temps du couvain, une grande quantité de cellules remplies de miel clarifié. Nous verrons dans l'article suivant à quoi il est destiné.

Du Couvain.

JE comprends sous ce nom les œufs, les vers, les nymphes mâles, les nymphes femelles et les mulets. Le couvain est l'espoir de la république. L'abeille, semblable à une tendre mère, en fait l'objet de ses soins et de ses plus chères espérances : c'est pour lui que tout se meut, que tout s'agite dans la ruche; le travail commence et finit avec lui. C'est

encore pour lui que la butineuse part avec
l'aurore, arrive, repart, est quelquefois
surprise par l'orage ou les ténèbres, et forcée
de coucher au bivouac loin de son habitation. La reine, avant de déposer un œuf
dans un alvéole, s'assure qu'il est en état
de le recevoir. Aussitôt que l'œuf est pondu,
un groupe d'ouvrières le couvent en couvrant
non-seulement l'alvéole qui le contient,
mais même toute la surface du gâteau.
A peine le ver est-il éclos qu'il est gorgé de
nourriture préparée d'avance : cette nourriture est la plus belle et la plus pure qualité
de miel qui se trouve dans la ruche. Ce miel
est clarifié et épuré par une variété d'ouvrières ; il est relevé d'un goût aigrelet avec
une matière que je viens de désigner sous le
nom de *rougemont* dans l'article précédent.
Les abeilles transportent d'avance cette espèce de sirop auprès des alvéoles qui renferment des œufs ; elles le donnent d'abord
en petite quantité, et augmentent la dose à
mesure que le ver grossit : ce sirop est
tellement limpide et clair qu'il ne cache
ni les formes du ver ni la légèreté des
angles de l'alvéole. Le ver est toujours cou-

ché en rond , de manière que ses deux ex-
trémités se touchent ; lorsqu'il a pris son
accroissement il remplit plus des trois cinquièmes de son berceau : alors les ouvrières
le couvrent d'un couvercle bombé en cire
qu'elles fondent ou qu'elles mâchent, et
qu'elles rendent adhérente par une liqueur
qui leur est propre. Ce ver étant bouché
consomme le reste de ses provisions, et se
file une coque. L'œuf y reste en hiver de six
à dix jours, et quelquefois plus ; en été
le ver éclot dans la quatrième journée ; dans
les temps froids le ver est également plus
long à prendre son accroissement. Il ne passe
pas à l'état de chrysalide. Dès que sa coque
est formée il se dépouille de ses parties de
ver pour prendre celles de nymphe ; la mem-
brane qui l'enveloppe est si fine que l'on
aperçoit à travers toutes les formes extérieures. Cette métamorphose et tous les
autres états du ver sont plus lents en hiver
qu'en été. Le 16 février 1819 je marquai
des alvéoles ; le 22 avril suivant les mouches n'étaient pas encore sorties. La même
année , en juin , des œufs sont devenus
mouches en dix-neuf jours. J'ai depuis ré-

pété ces expériences; elles n'ont jamais varié en été. J'ai toujours eu soin de faire
mes observations sur des ruches ordinaires
et sur des ruches d'expérience très-minces :
ces dernières sont plus commodes, mais les
résultats sont moins certains. En dépeçant
la ruche ordinaire on est plus sûr de la vérité. Je n'entrerai pas dans une foule de
détails très - curieux d'ailleurs, mais peu
utiles à la culture des abeilles, et étrangers
en quelque sorte à la méthode que je propose, qui est de récolter sans travail.

Il est impossible d'indiquer l'époque à laquelle la mère commence ou finit sa ponte.
Dans telle ruche il n'y a point de ver en
mars; dans telle autre il s'en trouve en janvier
et même en décembre : celle-ci n'a plus de
couvain en juillet; celle-là en est remplie
en septembre et encore plus tard. C'est donc
bien légèrement que l'on a établi des règles
générales et des mesures universelles sur les
abeilles et leur ouvrage. Il est passé en proverbe dans certaines contrées de l'Europe
que l'alvéole a deux lignes et demie de
diamètre et cinq de profondeur; que la reine
commence sa ponte le 15 février par des

œufs d'ouvrières; qu'elle ne fait ceux des
mâles qu'au mois de mai, et qu'après ceux-ci
elle dépose des œufs desquels doivent naître
les reines. Toutes mes recherches ne m'ayant
donné que des faits contraires, j'expose que
cejourd'hui 8 janvier 1825 je prends dans
une ruche que je viens de dépecer un rayon
dont une partie des alvéoles a dix lignes
de profondeur, et plus de deux et demie de
diamètre. Je prends au centre de cette
même ruche un gâteau dans lequel je trouve
douze vers bouchés, vingt-deux de différens âges, et vingt-six œufs. Cet exposé serait
suffisant pour combattre le système que
je viens de signaler; mais pour le ruiner
d'un seul coup je vais y joindre des faits
plus en grand. Si j'osais parler d'un travail
forcé, je dirais qu'en regardant sur ma cheminée je vois une ruche d'expérience qui
renferme un gâteau dont tous les alvéoles
contiennent des vers et des œufs. Je vois
dans ce moment, deux heures après midi,
la reine, appuyée sur ses deux palettes,
pondre un œuf. Laissons cette femelle à son
occupation, et examinons des faits naturels
dans des ruches ordinaires.

En 1821 j'avais vingt-deux paniers dans
mon jardin, qui à cette époque n'était
encore qu'un amas de décombres et de
pierres. Pour éviter les mulots et les fourmis
dont ce terrain était peuplé, j'avais établi
un rucher sur quatre pieds, lesquels po-
saient dans des auges remplies d'eau ; par
ce moyen simple mes ruches étaient à l'abri
de toute espèce d'attaque. On se rappelle
l'orage de la veille de Noël. Mon rucher,
établi comme je viens de le dire, fut emporté
par le vent, les ruches roulées à de grandes
distances, et le travail dispersé çà et là. Le
terrain était jonché de boules d'abeilles et
de débris de rayons, couteaux et gâteaux.
Le thermomètre était beaucoup au-dessous
de tempête. J'avais déjà vu une semblable
température sur les côtes de la Méditerranée, dont le résultat fut un tremblement de
terre. Cette idée m'empêcha peut-être de
songer à mes abeilles ; je ne m'aperçus du
désastre que le lendemain : quand on est
dans l'abîme on ne doit pas s'occuper des
causes de sa chute, mais bien des moyens
qui peuvent en tirer. La première ruche
que je rencontrai était sur le côté, remplie

d'eau à moitié : il y restait deux rayons ;
les abeilles avaient gagné le côté opposé
à la terre pour éviter d'être noyées. Je
mesurai le vide, et courus promptement
sur le terrain chercher les rayons qui en
étaient sortis. Je les trouvai en partie, et les
fixai dans leur place avec des chevilles en
bois qui traversaient la ruche. Ayant posé
ce panier sur un siége, je courus habile-
ment à un second, puis à un troisième,
enfin jusqu'à dix-sept : il n'y en eut que
cinq qui étaient par trop mutilés pour qu'il
me fût possible de raccorder les rayons. Ces
dix-sept ruches étant replacées, je les fumai
légèrement avec de la vieille toile propre ;
ensuite je fis bouillir du bon vin avec du
miel et du sucre, j'arrosai les rayons avec ce
sirop, et j'en plaçai sous les ruches dans des
assiettes plates. Mes abeilles se réchauffèrent
et se mirent à l'ouvrage. Onze sur dix-sept
soudèrent leurs rayons avec des cordons de
cire et de propolis ; neuf passèrent l'hiver
et donnèrent des essaims au mois de juin ;
les huit autres périrent partie en février,
partie en mars et avril.

J'ai rapporté cette circonstance en détail

pour servir d'exemple au cultivateur qui se
trouverait dans le même cas , soit pour un
ou plusieurs paniers, afin qu'il ne les con-
sidérât pas comme perdus, quand même une
partie ou la totalité de l'ouvrage serait dé-
tachée.

Dans une pareille opération je visitai
rayons, couteaux, etc.; j'eus le temps de
m'assurer s'ils contenaient du miel, des
œufs, des vers ou des nymphes. L'orage
éclata, comme on sait, le 24 décembre :
éh bien! à cette époque quatorze ruches sur
vingt-deux avaient déjà des œufs, des ver-
misseaux, et trois des vers bouchés. Les
reines de ces ruches ne s'étaient donc point
conformées aux dispositions des personnes
qui veulent qu'elles attendent la mi-février
pour commencer à pondre.

J'ai déjà fait remarquer que j'avais trouvé
du couvain en décembre et des nymphes
en novembre. Tout ceci prouve que les belles
découvertes que l'on m'a racontées sur l'intérieur de la ruche ne sont pas très-certaines.
Je ne crois pas encore fermement aux facultés qu'aurait chaque reine de pondre
à volonté des œufs mâles , femelles ou mu-

lets ; de les reconnaître en les faisant, et de les placer dans les alvéoles qui leur sont destinés d'avance. J'ai opéré sur plus de trois cents ruches, et ne suis point parvenu à découvrir des faits invariables : j'attendrai donc la vérité du temps et de mon nouvel appareil de ruches pour me fixer. Je suis encore dans la même incertitude à l'égard des accouplemens, des pontes à jour fixe, des naissances, du travail, des récoltes, et de cinquante contes que l'on m'a faits. Dans les pays où les abeilles sont nombreuses il y a des hommes qui courent les villages pour expliquer leurs prodiges ; ils font des prophéties sur leurs mouvemens et leur travail : elles connaissent, disent-ils, l'avenir; on peut les consulter pour semer ou pour combattre.

En 1805 les abeilles allemandes s'étaient battues dans les airs ; leurs mouvemens avaient été du levant au couchant, probablement parce que le vent était à l'est; mais on expliquait différemment cet oracle. Nos vieilles bandes dont le patriotisme pouvait être assimilé à celui des abeilles, et qui ne comptaient pas plus les ennemis de la patrie que celles-ci comptent les besoins

de leur ruche, devaient être battues et re-
poussées au-delà des rives de l'Océan. Le
général Mack, qui devait exécuter ces ordres
du destin hyménoptère, est le plus grand
tacticien de l'Europe; il faisait tout mouvoir
sur le papier; et cependant sa stratégie ne
l'a pas empêché d'être enfermé dans Ulm,
et de n'en sortir avec vingt-cinq mille
hommes que pour déposer les armes sur
les glacis de la place.

●●●●●●●●●●●●●●●●●●●●●●●●●●●●●●●●●●●●●●●

CHAPITRE IV.

Des Essaims.

Voici la partie la plus utile et la plus intéressante de la culture des abeilles; c'est la seule qui exige des soins dans ma méthode. Si le couvain fortifie les ruches, les essaims augmentent les ruchers; le propriétaire devrait donc avoir pour les essaims les soins, l'attention, l'inquiétude même que l'on remarque chez les abeilles en général pour la conservation et la prospérité des jeunes vers : mais malheureusement il n'en est point ainsi. Après avoir arrêté un essaim, on le relègue dans une ruche, le plus souvent malpropre, que l'on abandonne ensuite dans un cloaque auquel on a donné le nom de rucher. Là il est à la merci des souris,

mulots, limaces et autres ennemis. On ne
s'inquiète pas si la floraison est avancée
ou passée; souvent le rayon que les butineuses peuvent parcourir ne produit pas
assez de fleurs pour les anciennes ruches :
où les nouvelles prendront-elles donc des
provisions? A cet égard on suit la maxime
des coucous (1). Cependant, après avoir
placé plusieurs essaims de cette manière,
semblable au chat ou plutôt au jeune tigre
qui essaie ses griffes contre un arbre, on
aiguise déjà les couteaux pour les tailler en
automne ou au printemps.

J'ai parlé dans la composition d'un rucher
ambulant d'une boîte à essaim. Je vais en
faire connaître les dimensions et la manière
de s'en servir avant de m'occuper de l'objet
essentiel des essaims.

Cette boîte a le diamètre d'une ruche; elle
est sans fond ni compartiment. Les quatre
planches qui la composent sont coupées de

(*) Le coucou abandonne ses œufs dans des nids
d'autres oiseaux qui les couvent et les nourrissent pour
les leurs, et lorsque ces méchans sont grands ils dévorent leurs frères.

manière que les deux opposées puissent recevoir des liteaux de chaque bout pour
porter des fonds à coulisse. On introduit
encore par un trou pratiqué sur le côté
une baguette destinée à attacher momentanément les abeilles.

Usage de la Boîte à Essaim.

On ouvre la coulisse du dessus pour prendre un essaim arrêté sur un arbre élevé,
contre une roche ou après une branche isolée. Alors on se sert de la boîte comme d'une
ruche ; aussitôt qu'on a attiré dedans la
totalité ou la plus grande partie des mouches,
on referme la coulisse pour descendre com-
modément la boîte, et s'assurer de l'essaim
que l'on vient de saisir. Arrivé au bas, on place
la boîte au pied de l'objet sur lequel était
l'essaim, en observant de tenir les deux
coulisses bien fermées. Si la reine est prise,
les abeilles échappées viennent rôder autour
de la boîte, et se prennent après ; alors on
ouvre la coulisse du bas : dans un instant

tout est entré. Si au contraire la reine n'est
pas enfermée, les mouches fugitives refor-
ment une grappe où était l'essaim, sur
laquelle on recommence l'opération avec
une seconde boîte, ou avec la première
quand on n'en a qu'une, après avoir fait
passer dans une ruche les abeilles saisies
d'abord. On place la seconde boîte sur la
première en tirant la coulisse du dessus de
la boîte du bas, et celle du bas de la boîte
du dessus; on fait passer un essaim dans
une ruche de la même manière. Après avoir
posé la ruche sur la boîte qui coïncide parfaitement, on tire la coulisse du dessus ainsi
que la baguette, en ayant soin de ne point
laisser de passage aux abeilles : en très-peu
de temps elles quittent la boîte pour monter
dans la ruche. Quand on est pressé on peut
encore précipiter leur mouvement en frap-
pant contre la boîte; on dispose ensuite de
la ruche. Il faut éviter de placer un essaim
à côté d'un autre essaim du même jour ou
de la veille; on doit encore l'éloigner davantage d'une mère ruche : les butineuses,
dont l'odeur du travail ne les attire pas encore, se trompent souvent dans les premiers

jours, et portent le produit de leur quête
à la ruche voisine. Dans le premier cas, les
deux essaims se font une petite guerre, et
finissent quelquefois par se mettre dans la
même ruche ; dans le second, les gardes du
vieux panier, dont le patriotisme ne souffre
aucun étranger, massacrent les butineuses
au fur et à mesure qu'elles arrivent, sans
égard pour les provisions qu'elles apportent.
En 1814, si tous les Français avaient été des
gardes, Huningue jouerait encore les Bâle.

Essaims Naturels.

Je n'ai pas l'intention de critiquer ; cependant mes expériences ne me permettant pas
de considérer un essaim autrement que
comme une disposition naturelle, un besoin
de se reproduire, un véritable accouchement
qui se présente d'abord uniformément dans
toutes les ruches, et dont les suites varient
selon le temps, l'emplacement, l'âge et les
dispositions des mouches qui le composent,
je ne puis adopter les théories que chacun

6

à sa manière raconte sur les essaims. Toutes
les personnes qui cultivent les abeilles sont
convaincues que souvent une ruche très-
forte n'essaime pas, tandis que certaines
ruches faibles jettent plusieurs fois. Il en
est de même de celles qui sont pleines et de
celles qui ne le sont pas. Ce que l'on dit
de l'aversion des reines n'est pas sans exception. Je vais appuyer ce raisonnement
d'observations. En 1823, année très-avantageuse aux abeilles, j'ai vu des reines sortir de
leur ruche et y rentrer paisiblement. Cette
même année tous les essaims étaient suivis
de plusieurs reines; il est facile de s'en
assurer au moyen de la boîte à essaim. Le
massacre des reines inutiles précède dans
les mères ruches celui des mâles, et chez
les essaims immédiatement après leur établissement dans un lieu quelconque. Cette
même année 1823 le nombre des reines
était si grand que j'en avais ramassé plusieurs douzaines devant une ruche de trois
divisions; mais ces femelles n'étaient pas
pourvues de tout ce qui est nécessaire au
chef d'une nouvelle colonie : elles man-
quaient d'œufs.

La reine qui conduit un essaim (les premiers essaims sont assez souvent conduits par la vieille reine) naît, comme toutes les reines, les ovaires vides; en cinq ou six jours ils se remplissent de deux à trois cents œufs, vraisemblablement à la suite de la fécondation. J'ai la certitude qu'une femelle de cinq jours est apte à gouverner une ruche ou à conduire un essaim. J'ai vu des essaims en donner d'autres ou le vingt-cinq ou le vingt-sixième jour de leur établissement. Je me suis assuré qu'il faut dix-neuf ou vingt jours au moins à un œuf pour devenir mouche; j'en ai conclu que la reine qui conduit un essaim le vingt-cinquième jour, ou celle qui reste dans la ruche, n'est âgée que de cinq jours; encore faut-il admettre que l'œuf ait été déposé le premier jour dans le nouvel établissement. Cette circonstance attaque sérieusement le système de ceux qui assurent que la reine connaît l'œuf qu'elle va faire, et qu'elle le place dans l'alvéole qui lui est destiné d'avance. Si la reine pond des œufs femelles le premier jour de l'établissement dans une ruche, il est impossible qu'elle ne les dépose pas dans de petits alvéoles;

car les abeilles pressées de construire commencent toujours par le petit modèle, et si
elles changent la première année, ce qui
n'arrive pas souvent, elles ne le font que
quand la reine a épuisé sa première ponte,
à moitié ou aux deux tiers de la ruche
environ. Je ne crois pas que l'on ait vu
des alvéoles du grand modèle plus haut dans
une ruche d'une seule pièce. Quant aux
cellules d'une plus lourde architecture, je
n'en ai jamais trouvé dans la ruche d'un
essaim d'un à quinze jours. J'engage ceux
qui donnent aux abeilles des merveilles
qu'elles n'ont pas à dépecer des essaims
de quinze à trente jours. Ils trouveront du
couvain de toute espèce logé dans des alvéoles du petit modèle.

Je le répète, une ruche essaime par une
disposition naturelle qui est amenée par
plusieurs circonstances : la population, la
température, l'abondance, plusieurs reines
dont une au moins en état de conduire la
nouvelle colonie et de l'augmenter par sa
fécondité, des butineuses actives, des gardes
vigilantes, des ouvrières, des bourdons, le
tout en proportion avec le cri de la nature,

disposent la ruche. Rien n'est admirable
comme la résolution d'essaimer : à une grande
agitation succède un instant de calme; les
ouvrières quittent les ateliers et se rangent
comme en colonne entre les rayons; quelques
gardes parcourent les couteaux et viennent
ensuite se joindre à une pelote qui est au
bas de la ruche. Les butineuses qui arrivent
chargées, surprises de voir les travaux in-
terrompus, s'arrêtent sur le siége, et attendent
le résultat de ce calme extraordinaire. Bientôt on entend un bourdonnement clair,
c'est la pelote qui se divise et qui se jette
sur les plus beaux couteaux : alors tous les
trésors de la ruche sont à l'abandon, les
abeilles se précipitent sur les alvéoles et
remplissent leur magasin de miel. Les ouvrières conservent la cire non élaborée, les
butineuses la cire brute qui est après leurs
pates. Le pillage dure de six à vingt minutes,
après quoi le signal du départ est donné;
toutes les abeilles approvisionnées quittent
la ruche. On dit que les abeilles d'un essaim
sortent en tumulte; pour s'assurer du contraire qu'on lève la ruche au moment où
l'on entend un bourdonnement aigu et où

l'on voit quelques mouches voler en cercle
au-dessus de la ruche en travail, c'est le
signal du départ, il est donné par les gardes
qui étant dehors appellent le reste de l'é-
migration; on verra les abeilles descendre
tranquillement entre les rayons léchant encore leur trompe imprégnée du miel qu'elles
viennent de sucer : ce n'est qu'en franchis-
sant le seuil de la porte du palais qui les a
vues naître qu'elles s'agitent, prennent leur
volée, et semblent concevoir de l'horreur
pour la mère patrie. Les gardes sorties les premières cherchent autour du rucher un endroit pour camper provisoirement l'armée ;
aussitôt qu'il est reconnu, elles s'y attachent
en grappe continuant toujours à sonner l'ap-
pel ; la reine chef s'y joint, et elle est bientôt
suivie du restant de la colonie. Voilà le cas
le plus ordinaire de la sortie d'un essaim ;
c'est aussi le plus avantageux : lorsqu'il se
présente de cette manière on peut être assuré qu'il est bien conformé. On connaît la
boîte à essaim : dès que la plus grande partie
des abeilles est arrêtée, si elles sont près de
terre, ce qui arrive presque toujours aux
premiers essaims chez lesquels les reines

trop chargées d'œufs, et les gardes jeunes
encore, ne peuvent soutenir qu'un vol de
quelques instans; on peut la poser dessus en
prenant des précautions pour ce cas, et en
l'appuyant simplement sur des cales. Il faut
avoir soin de visiter la ruche dans laquelle
on veut placer un essaim, et de n'y laisser ni
araignées, ni perce-oreilles, ni fourmis, ni
aucune ordure; lorsqu'on s'est assuré qu'elle
est propre on prend une poignée d'herbes
aromatiques sur lesquelles on fait couler un
peu de miélée, et on frotte le fond et les
côtés de la boîte ou de la ruche. J'indiquerai
à la fin de cet article la manière de faire la
miélée. On peut se dispenser de se servir de
la boîte pour les gros essaims complets que
l'on ne veut ni mêler ni rendre à la mère
ruche.

Voyons maintenant ce que devient la
ruche après la sortie de l'essaim. La colonne
qui part n'est pas toujours proportionnée
avec la population. J'ai vu des ruches faibles
donner de forts essaims, et des ruches très-
fortes en donner de bien petits; cela dépend
de causes qui me sont inconnues si l'approvisionnement des mouches n'est pas l'uni-

que : ce qui est à peu près sûr c'est que toutes
celles qui ont des provisions partent, et
que celles qui n'en ont point demeurent. Les
faux bourdons n'ayant pas de magasin restent
pour la plupart. Il y en a néanmoins toujours
une petite quantité qui suit la colonie. Nous
en parlerons à l'article *Essaim vagabond*.

Une ruche après le départ de l'essaim
ressemble à une maison évacuée par des
pillards: les habitans paraissent abattus, consternés; les butineuses qui arrivent en grand
nombre, étonnées du vide et du désordre,
ne sachant où déposer leur charge, restent
dans l'inaction. La reine seule, contre son
ordinaire, s'agite, se tourmente, cherchant
à reformer son gouvernement; aussitôt qu'elle
y est parvenue, ou plutôt lorsque les ouvrières et les cirières la voient occupée à
pondre, elles reprennent leur position, les
unes sur le couvain, les autres sur le rayon en
construction; les butineuses emmagasinent
les poussières et retournent à la quête; alors
toute la population est en activité : dans
certaines ruches c'est l'affaire de deux à trois
heures; dans d'autres le désœuvrement dure
plusieurs jours. Cette perte de temps dans

des momens précieux, jointe à la grande quantité de provisions emportées par l'essaim, fait que les ruches qui essaiment plusieurs fois sont rarement fournies.

Il n'est pas difficile de prouver qu'un essaim est approvisionné en partant de la mère ruche; l'expérience qui suit est suffisante : Le 12 juin je ramassai un essaim et l'enfermai de suite; le septième jour, c'est-à-dire le 19, je visitai la ruche et dépeçai l'ouvrage : je trouvai 2371 alvéoles finis ou commencés, 315 vers de différens âges, 102 œufs et 36 vers bouchés; 265 alvéoles étaient remplis de miel clarifié, 80 de miel commun, et 8 de matière pâteuse.

Essaim libre du même jour, visité et dépecé à la suite du précédent le 19 juin 1825 : 2407 alvéoles achévés ou commencés, 280 vers, 172 œufs, 30 vers bouchés, 384 alvéoles contenant des poussières et des matières pâteuses, 206 remplis de miel commun, et 15 de miel clarifié.

Une autre expérience m'a démontré qu'un essaim enfermé pendant huit jours restait quelque temps dans l'inaction lorsque les abeilles ont été rendues à la liberté.

Je demande pardon au lecteur de l'avoir entretenu de particularités curieuses ; je vais revenir à des détails d'économie. Tous les essaims se présentent à peu près de la même manière, mais les suites sont quelquefois bien différentes : les seconds, les troisièmes, les tardifs chez lesquels tous les individus ont acquis de la force et de la vigueur, deviennent le plus souvent difficiles et même vagabonds ; les gardes en quittant la ruche s'éloignent, se divisent ; la nouvelle peuplade les suit éparpillée, et après plusieurs minutes d'un vol rapide et incertain elle s'arrête quelquefois au tronc d'un arbre élevé ou à une des branches supérieures, quelquefois aussi contre une roche escarpée ou ailleurs. Il arrive encore, quoique fort rarement, que l'essaim s'élève, se réunit, prend le courant de l'air, et, semblable à un nuage poussé par la tempête, s'éloigne en grondant et disparaît bientôt, ne laissant que le regret de l'avoir échappé. L'essaim perdu, comme le loup du berger, est toujours le plus gros qui ait paru de l'année.

Outre ces cas, il s'en présente une infinité d'autres, sur-tout dans les mauvaises années, où les essaims n'étant pas complets sont souvent difficiles. Je vais indiquer les moyens qui réussissent plus particulièrement, ceux dont je me sers, et avec lesquels il ne m'est jamais arrivé de perdre un essaim.

L'essaim peut devenir difficile, 1.º quand il se prend en plusieurs paquets ; 2.º quand il change de place avant ou à l'instant que toutes les mouches sont arrêtées ; 3.º quand une partie est en grappe et que l'autre voltige sans paraître vouloir s'y attacher ; 4.º quand il reste plus de cinq à dix minutes en l'air sans s'arrêter, que les abeilles sont élevées et que leur vol paraît horizontal (dans ce cas il peut devenir vagabond); 5.º enfin quand il s'éloigne à une trop grande distance du rucher.

On peut prévenir une partie de ces inconvéniens en mouillant légèrement les abeilles de l'essaim au sortir de la ruche, ou en leur jetant de la poussière très-fine qui produit le même effet. Que l'on ait usé ou non de cette précaution, lorsqu'un essaim se montre dans une des positions ci-dessus, il faut bien prendre garde de l'irriter. Dans le premier cas, prenez la boîte,

tirez adroitement le plus gros paquet dedans, et fermez la coulisse ; prenez une seconde boîte, et faites la même opération sur
un autre paquet; placez ensuite vos deux
boîtes l'une sur l'autre, comme pour faire
passer un essaim dans une ruche. Si vous
avez saisi la reine les abeilles échappées
et celles des autres paquets viendront volti-
ger autour de la ruche où elle se trouve,
cherchant à y entrer. Dès que vous verrez
que toutes les pelotes seront en mouvement autour des boîtes, vous ouvrirez la
coulisse du bas de la boîte inférieure. Si
l'essaim était divisé en plus de deux paquets,
et que ceux qui ne seraient pas dans les
boîtes demeurassent en leur position, ce
serait une preuve que vous n'auriez pas
saisi la reine; vous feriez alors une troisième
opération avec une ruche si vous n'aviez
plus de boîte, et vous placeriez cette ruche
sur les boîtes, comme il a été expliqué.

Dans les deuxième et troisième cas, c'est
que la reine n'y est pas, ou que la position
n'a point été choisie par les gardes, ou
qu'elle ne convient pas. Il est très-aisé de
s'apercevoir si le chef manque. Les gardes

et une partie des ouvrières décrivent de grands cercles qui commencent et finissent toujours sur l'essaim en mouvement. Dès que vous apercevez cette circonstance, cherchez avec soin par terre, depuis la ruche mère jusqu'à l'endroit où les mouches se sont d'abord arrêtées; si vous n'y trouvez rien, examinez les branches, les souches, etc. S'il arrivait que vos recherches fussent inutiles, et que l'essaim demeurât dans le même état (car ceux qui n'ont point de reine ne s'éloignent jamais le premier jour), il faudrait prendre un essaim du jour ou de la veille, et le fixer sur des piquets au-dessus des abeilles arrêtées : dans un moment la totalité entrera dans la ruche. Si au contraire vous trouvez la reine en vie, rendez-là à l'essaim, et prenez-le comme il a été dit plus haut.

On se rend maître des essaims dans les quatrième et cinquième cas, en battant les abeilles les plus éloignées avec du sable très-fin, de la poussière ou même de l'eau. Il ne faut jamais attaquer l'endroit le plus épais, c'est celui où est le chef; il suffit de tourmenter les gardes pour les obliger à s'arrêter : alors la reine et le restant de la colonie se préci-

pitent autour : en un instant tout est ramassé. On profite promptement et adroitement de cet instant en tirant l'essaim dans
la boîte ; on la pose ensuite fermée au pied
de l'objet sur lequel il était. On éloignera
de cet objet les gardes obstinées à y rester,
avec de la pariétaire, du sureau ou des
peignes de Vénus qu'elles ont en aversion ;
quel que soit leur nombre, il ne faut pas leur
ouvrir tant qu'on entendra du bruit dans
la boîte. On disposera par la suite de cet
essaim et de tout autre en augmentant s'il
est possible les précautions indiquées.

Dans les mauvaises années, telles que 1816,
1817, 1825, il y a très-peu d'essaims, et
ceux qui sortent étant rarement complets,
sont très-difficiles ; ils deviennent même
assez souvent vagabonds. J'appelle vagabond
l'essaim qui ne se fixe nulle part, qui coure
de buisson en buisson, d'arbre en arbre,
cherchant partout un logement pour ne pas
y rester. Tous les essaims perdus deviennent
pour ainsi dire vagabonds ; je n'en excepte
que ceux qui sont recueillis à la première
ou deuxième pose, et ceux qui rencontrent
peu de temps après leur fuite une habita-

tion convenable où ils demeurent, ce qui
n'est pas fréquent. Tous les autres périssent
par une des causes que je vais rapporter,
et cela est sensible et très-facile à comprendre. Des auteurs portent au tiers les essaims
perdus, d'autres au quart; je veux bien n'en
compter qu'un dixième. Depuis long-temps
les roches, les bois, les arbres creux, devraient loger la dixième partie de nos abeilles :
ces familles sauvages, auxquelles on n'enlève
aucune provision, chez lesquelles la taille
ne détruit ni reine ni couvain, devraient
donner des essaims plus précoces et plus
nombreux; ceux-ci, mieux composés, seraient à leur tour plus féconds, et depuis
tant d'années toutes les contrées devraient
être peuplées d'abeilles sauvages; cependant
on n'en rencontre pas une famille par lieue
carrée : il faut bien qu'il y ait une cause
destructive.

J'ai commencé en 1816 avec une ruche,
j'en ai perdu et sacrifié depuis ce temps-là
deux cent neuf, et dans ce moment je
pense que mes ruchers sont encore les plus
nombreux de France.

Je disais que les essaims vagabonds péris-

saient la première année. Voici mes raisons :
J'ai déjà fait remarquer que les gardes
étaient fortement attachées à la position
qu'elles avaient choisie, que nos précautions, après avoir levé un essaim, ne suf-
fisent pas toujours pour les en chasser toutes.
L'essaim qui s'arrête et repart à volonté
laisse à chaque pose une partie de ses gardes,
assez souvent des butineuses s'il est quelque
temps fixé, et même la reine ; en sorte que,
quand même il trouverait un logement
commode, après s'être arrêté trois ou quatre
fois, n'étant plus complet, il ne pourrait
pas y rester, et n'y réussirait pas dans le
cas où il s'y établirait ; ajoutez à cela que
les bourdons n'ayant point de magasins de
réserve, ceux qui ont suivi l'essaim ne peuvent pas vivre plus de trois à quatre jours
sans manger, et dans cet état, froids de leur
naturel, ils sont peu propres à féconder la
reine.

EXEMPLE D'UN ESSAIM VAGABOND.

En 1822, le 24 juin, j'aperçus un essaim
qui me parut très-fatigué : le vol était lent,

la troupe faisait queue, et le bourdonnement
était presque nul. Je l'arrêtai avec quelques
poignées de terre; il se prit dans un buisson
près du chemin. Mon intention n'étant pas
de me l'approprier, je me contentai de le
surveiller. Il s'était arrêté à onze heures, il
repartit à une heure moins quelques minutes.
J'étais en mesure pour l'arrêter de nouveau,
ce que je fis cinq fois dans l'espace de trois
quarts de lieue. La cinquième fois il se
fourra dans le creux d'une racine de chêne.
En pratiquant un trou au-dessus de la racine, je l'en chassai avec de la fumée; je
le reçus dans une boîte à essaim pour le
porter au rucher le plus voisin. En passant
je visitai les poses que j'avais eu soin de
marquer; je trouvai à toutes des boules
d'abeilles plus ou moins grosses : la reine
était dans la quatrième. Je les mis dans la
boîte avec précaution, et fis passer l'essaim
dans une ruche. Il y démeura deux jours,
et en partit le troisième à six heures du
matin. Je le fis suivre et arrêter à la sortie
du bois; je lui rendis sa ruche où il resta
encore un jour, et s'échappa sans que je
le visse. Il avait construit trois rayons. A

7.

l'inspection de l'ouvrage, il me fut aisé de
me convaincre qu'il ne pouvait pas rester.
Tous les alvéoles étaient vides et très-secs :
ce qui prouvait évidemment que les butineuses affamées ne rapportaient que de la
cire brute, et que la reine, les ouvrières, et
enfin toute la ruche, avaient fui un asile où
elles étaient trop pressées par la disette.
Les dix-neuf vingtièmes des essaims perdus
finissent comme celui-ci. En 1823 j'ai renouvelé l'essai sur un essaim que j'avais
laissé partir exprès ; il n'a pas même été aussi
loin que le précédent : après deux jours de
courses il ne me fut pas possible de le fixer
dans une ruche. Je voulais encore recom-
mencer cette expérience en 1826 ; mais
l'essaim étant resté un jour entier dans sa
première position, partit le lendemain
avec tant de précipitation qu'il me fut impossible de l'arrêter ni même de le suivre.

Ce que je viens de dire des essaims vagabonds ne doit pas empêcher de les recueillir ;
mais il faut avoir la précaution de les ramasser dans une boîte à essaim, de les y
enfermer et de les mettre avec d'autres.
Si l'essaim restait plus d'un jour enfermé il

ne faudrait pas manquer de lui donner à manger.

EXEMPLE D'UN ESSAIM DIFFICILE.

Dans les grandes chaleurs de 1822 j'eus un essaim, le 14 juin, qui ne voulut rester dans aucune ruche, quelque soin que je prisse de les nettoyer, de les emmieller, etc. ; il s'y tenait quelquefois une demi-heure, quelquefois plus, le plus souvent moins, mais continuellement dans un état d'agitation : les abeilles sortaient, rentraient, se formaient en petits paquets autour de la ruche, et finissaient par s'attacher à des branches. Las de ce manége, qui durait depuis deux jours, je le mêlai avec un essaim qui venait de sortir ; tous deux demeurèrent fort tranquilles dans une ruche qui existe encore, et qui ne fournit pas moins de trente à trente-six livres de miel par an.

AUTRE EXEMPLE D'UN ESSAIM DIFFICILE.

En 1824, le 12 juin, un essaim qui était

dans sa ruche depuis près d'une heure en
sort tout-à-coup, s'épanche, et y rentre
un instant après. Au bout d'un quart d'heure
même mouvement; mais au lieu de s'épan-
cher les abeilles se mettent en petits paquets
hors de la ruche. Il était tout naturel de
chercher à pénétrer la cause de cette agitation. J'examinai avec attention l'intérieur
de la ruche ainsi que les abeilles; n'ayant
rien remarqué d'extraordinaire, je conti-
nuais mes recherches depuis plus d'une
heure lorsque j'aperçus la reine seule sur
une feuille de chêne, à près de cinq pieds
de hauteur. Je la mis doucement dans la
ruche; l'essaim y rentra et y est encore.

AUTRE EXEMPLE D'UN ESSAIM DIFFICILE.

Cette année, 1826, un essaim dans la position du précédent, ou à peu près, me mit
dans la nécessité de faire des recherches
beaucoup plus longues. Elles duraient depuis
près de quatre heures lorsque j'aperçus une
petite boule d'abeilles très-agitées; elle était
par terre, dans des feuilles, à peu de distance
de l'endroit où l'essaim s'était d'abord arrêté;

j'écarte les abeilles, et je trouve la reine morte au milieu. Je la mets néanmoins dans la boîte à essaim; l'essaim y entre, je l'enferme; l'ayant mêlé le lendemain, j'ai retrouvé la reine, et c'est sur elle que j'ai fait la cinquième opération de compter les œufs contenus dans ses ovaires.

DERNIER EXEMPLE D'UN ESSAIM DIFFICILE.

Enfin en 1825, la plus mauvaise année que les abeilles aient eue depuis 1816, les ruchers ordinaires n'ont point donné d'essaims; les miens m'en fournirent quelques-uns, mais presque tous incomplets et difficiles, ce qui me mit dans la nécessité de les doubler, tripler, et sur la fin quadrupler; en sorte que de la totalité je ne fis que dix-neuf ruches, dont onze seulement ont passé l'hiver et ont donné des essaims cette année. Le 15 mai deux ruches essaimèrent à midi précis. La floraison étant très-peu avancée dans cette contrée, je les rendis à leurs ruches au moyen de ma boîte. Ils ressortirent tous deux le 2 juin : un me parut d'abord difficile. N'ayant dans cette posi-

tion qu'une boîte à essaim, je recueillis le
plus doux dans une ruche; l'autre s'était
arrêté à une branche d'érable très-mince,
qui cassa avant que la moitié des abeilles y
fût attachée. La boule se forma alors à terre;
je posai ma boîte dessus en prenant les précautions d'usage; mais au lieu d'y monter
les abeilles se formèrent en petits paquets autour et dessus : une partie entrait et sortait,
s'attachait à des branches et faisait assez
connaître son mécontentement par des bour-
donnemens. J'employai inutilement beaucoup de temps, faisant usage de toute ma
science pour obliger l'essaim à se loger.
Pensant qu'il pourrait bien ressembler à
celui de 1822, j'allais chercher le premier
pour les mêler, lorsque j'entendis un bourdonnement dans le creux d'une souche assez
éloignée; en regardant au fond du creux,
j'y trouvai la reine de mon essaim avec
quinze abeilles formant une pelote, et cinq
à six qui voltigeaient. Je portai la pelote
entière dans la boîte; l'essaim y entra immédiatement, et en ressortit une demi-
heure après. Je courus à la souche, la reine
y était avec un plus grand nombre d'abeilles;

je la portai de nouveau, elle revint encore.
Je bouchai le trou, elle se plaça à côté;
enfin je la rendis cinq fois à l'essaim, cinq
fois elle le quitta pour retourner à sa souche.
Désespérant de la fixer, je l'attachai au fond
de la boîte; l'essaim y rentra, je l'enfermai.

Ce n'était pas le besoin d'avoir une reine
qui tourmentait les abeilles de l'essaim,
c'était la nécessité de voir celle qu'elles
avaient reconnue pour chef, ou plutôt celle
qui avait les qualités nécessaires pour être
chef; car ayant opéré le transvasement de
l'essaim dans une ruche, je trouvai dans
la boîte deux reines qui venaient d'être
massacrées : elles remuaient encore. J'y
trouvai aussi le morceau de fil qui m'avait
servi à attacher la reine. Les personnes qui
se trouveraient dans le même cas ne doivent
pas craindre d'enchaîner les reines vaga-
bondes; les autres abeilles ont bientôt fait
de couper le fil et de rendre la liberté à
leur souveraine.

Je ne dirai qu'un mot des essaims qui
rentrent à la mère ruche; ils se représentent
d'un à vingt jours dans une des positions
indiquées. Ils retournent à la mère ruche

parce que la reine trop jeune, trop faible ou trop pesante, n'a pu les suivre. Les essaims qui perdent leur reine en campagne ne reviennent point à la mère ruche; nous en avons vu des exemples.

Il me reste à parler des essaims manqués. J'appelle essaims manqués ou défaillans ces grappes de mouches qui sortent de la ruche, sans chef et sans ordre, avant que la ruche soit disposée à essaimer. Elles se placent quelquefois sous le siége, autour du bas de la ruche, à l'entrée et souvent tout autour. Lorsque ces abeilles ne rentrent pas pendant la nuit, et qu'elles restent en grappe plus de cinq jours, c'est véritablement un essaim auquel il manque un chef et autres variétés de mouches. Ces abeilles, logées séparément, ne peuvent jamais former un essaim complet, même en leur donnant une reine féconde; elles sont néanmoins approvisionnées. S'il est impossible d'en faire un essaim on peut en tirer un très-bon parti autrement. Ces abeilles peuvent rester dix jours sans souffrir de la faim; cependant le neuvième et le dixième jour elles sont si faibles qu'à peine elles peuvent voler : c'est le temps qu'il faut choisir pour les rendre à leur ruche ou les donner à d'autres. Les essaims qui sortent le matin sont ordinairement plus peuplés de butineuses que d'autres mouches, et, comme les essaims défaillans contiennent plus d'ouvrières et de cirières que de butineuses, en mêlant une grappe avec un essaim du matin on fait une ruche excellente. Il ne faut pas confondre les essaims manqués avec les abeilles qui sortent pour donner de l'air à la ruche. Ces dernières rentrent toutes ou en partie dans la nuit, changent souvent d'endroit, et ne forment pas cette espèce de filet que l'on remarque chez tous les essaims. Les essaims défaillans ont tous les signes d'un essaim réel; les abeilles se tiennent par les pates, elles ne changent point de position, et se laissent ordinairement tomber par paquets. Pour ne pas se tromper il est bon de n'enlever les grappes que le neuvième ou le dixième jour.

Les beaux essaims de mai essaiment quelquefois dans les commencemens de juillet, c'est-à-dire vingt-cinq ou trente jours après leur établissement; on doit tâcher de les en empêcher. On y parvient en tournant

le devant de la ruche derrière pendant
quelques jours; il ne faut pas commencer
avant le vingtième. On peut aussi rendre
l'essaim à sa ruche au moyen de la boîte.
Le premier cas est préférable en ce qu'il
prévient la diminution des provisions dans
la ruche. Chacun tirera de ces détails le
profit et les conséquences qu'il voudra.

Je me suis beaucoup étendu sur les essaims,
et cependant il y a encore bien des circonstances que je n'ai pas rapportées. Mais toutes
les variations, après le premier mouvement
des essaims, ont des rapports plus ou moins
sensibles avec les exemples que j'ai cités;
en les appliquant à peu près, un enfant de
dix à douze ans peut seul se rendre maître
de tous les essaims qui paraîtront dans un
rucher de vingt-cinq à trente ruches, excepté
ceux qui s'éloignent sans s'arrêter.

Le temps des essaims naturels dure à
peu près six semaines; ceux de la première
quinzaine de mai sont rares en Bourgogne,
et ceux de juillet ne réussissent pas. Mais
je suppose que l'on paie un enfant à quinze
sous par jour pendant deux mois, la dépense pour la récolte de trente à quarante

essaims se bornera à quarante cinq francs :
on pourrait même faire cette récolte à
moins.

Aucun indice certain n'annonce la sortie
d'un essaim. Ce que l'on dit à cet égard,
tels que le chant des abeilles, l'eau qui
coule sur le siége, la température à 24 ou
25 degrés, etc., ne sont que des erreurs.
Voici cependant un signe qui trompe moins
que les précédens : Dans l'après-midi, lorsque
les abeilles jouent en cercle perpendiculaire
devant la ruche, ce qui ressemble assez à
un soleil ou tourniquet d'artifice, on peut
espérer un essaim pour le lendemain ou le
jour suivant ; si l'on remarque ce jeu de six
à huit heures du matin l'essaim est plus sûr
dans l'avant-midi du même jour.

Mélange des Essaims ou Formation des Ruches.

Quand on est assez heureux pour avoir
des essaims de quatre livres et au-dessus,

au mois de mai et dans la première décade
de juin, on doit les laisser seuls; ils ne
demandent d'autres soins que d'être placés
dans une ruche commode et solide, et dans
un bon pâturage. On mêlera avec un autre
ou partie d'un autre tout essaim qui ne pèsera
pas quatre livres.

RÈGLE GÉNÉRALE. Jusqu'au 10 juin laissez
seuls les essaims de quatre livres et au-dessus. Ne formez point de ruche dans ce temps
au-dessous de cinq et six livres; pendant les
vingt derniers jours de juin ne doublez pas
les essaims de six livres ou environ; faites
vos ruches de sept livres au moins. Dans le
mois de juillet aucun essaim ne doit rester
seul; composez vos ruches de huit et neuf
livres, selon l'époque, et portez-les dans
un pâturage abondant, tardif et frais. La
ruche composée doit excéder d'une ou de
deux livres le poids de l'essaim seul.

Le mélange des essaims se fait le soir;
on place toujours dessous celui qui n'a pas
encore travaillé et qu'on a eu soin de conserver dans une boîte à essaim. La ruche
que l'on veut augmenter se met dessus; on
l'assujettit avec précaution afin de ne pas

ébranler les premiers rayons qui sont peu solides; ensuite on tire la coulisse et la baguette, comme il a été déjà expliqué. On peut mêler les essaims de la veille et du jour avec ceux du jour et du lendemain. Quand on n'en a pas de plus jeune on fait alors une mutation.

On voit qu'il est bien facile de mêler les essaims en se servant d'une boîte et d'une ruche; mais pour augmenter les ruches, en ne donnant qu'une certaine quantité de mouches, il faut un peu plus de précautions. Ayez auprès de vos ruches une seconde boîte dans les formes et dimensions de la boîte à essaim, un peu plus petite si vous voulez. Cette boîte aura un fond fixe et un à coulisse, ou tous deux à coulisse indifféremment. Elle sera percée sur l'un des côtés d'un trou fermant à coulisse, de quinze ou dix-huit lignes de diamètre. Ramassez dans cette boîte les mauvais essaims, les tardifs, ceux qui manquent de reine, les troisième, quatrième, etc., les essaims manqués, et au 1.er juillet, ou au plus tard au 8, les barbes de toutes les ruches sans exception; (j'appelle barbes les grappes, les pe-

lotes et autres amas d'abeilles dessous ou
à côté des ruches) nourrissez ces mouches
avec de la miélée plus forte que celle dont
vous vous servez pour prendre vos essaims.
On verse cette liqueur sur le fond du dessus de
la boîte, dans lequel on a pratiqué quelques
petits trous. Lorsque vous voulez augmenter
une ruche vous pesez votre boîte pour vous
assurer de la quantité d'abeilles qu'elle contient, et si vous avez besoin de la totalité
pour mêler avec un essaim âgé de moins
de trois jours, vous agissez comme nous
l'avons dit à la page 108; si au contraire
c'est une vieille ruche que vous voulez
augmenter, ou un essaim de quatre jours et
plus, vous faites une mutation d'été. Pour ne
prendre qu'une partie des abeilles vous placez un tube en verre dans le trou de votre
boîte qui correspond dans une boîte à essaim;
vous pressez vos mouches par le bas de la
boîte avec de la fumée, et quand vous jugez
qu'il y en a assez vous fermez la coulisse
du trou : vous pouvez en quelque sorte
compter les mouches qui passent par le tube.
Lorsque les abeilles sont dans la boîte à essaim vous en disposez soit pour un essaim,

soit pour une mère ruche, de la manière indiquée.

Par ce procédé simple on fortifie les ruches autant qu'on le désire, et on les met en état de se pourvoir de nourriture pour l'hiver. On ne peut pas trop recommander l'économie des mouches.

J'ai dit quelque part que deux essaims pouvaient vivre et travailler dans la même ruche. Voici une observation qui semble constater ce fait : J'ai raconté comment j'avais deux forts essaims dans une grande ruche, et ce que j'en avais obtenu en la dépeçant. En 1826 j'ai renouvelé cette expérience, et dépecé la ruche le 31 décembre. Un grand rayon partageait à peu près l'habitation. Il n'y avait point de communication d'un côté à l'autre. De chaque côté les autres rayons avaient une direction perpendiculaire à celui-ci, et dans les deux du centre il y avait des œufs et des vers, ce qui me fit présumer que les deux familles vivaient séparément. Quelques précautions que j'aie prises, je n'ai pu surprendre les reines dans leur habitation. J'en ai trouvé deux dans la ruche, mais parmi les abeilles qui s'agitent au pre-

mier mouvement que l'on fait faire à la
ruche, ce sont les gardes et les butineuses.
Ces deux femelles vivent aujourd'hui en
communauté dans une ruche d'expérience.

Essaims Artificiels.

MA ruche à deux boîtes est très-commode
pour faire des essaims artificiels. Le travail
partagé en deux portions égales, séparées
et presque indépendantes l'une de l'autre, la
cire également fraîche dans les deux, il
semble qu'il n'y ait plus qu'à partager les
abeilles pour avoir deux ruches de même
force. Cependant le succès de cette opération est si incertain, il dépend de tant de
circonstances combinées par la nature, et
qu'il nous est impossible de changer ni
même de saisir exactement, que je ne crois
pas devoir la conseiller. Je la rapporte ici
dans l'espoir que les tâtonnemens, les expériences, les pertes même, finiront peut-être
par nous procurer une méthode sûre. Celle
que l'on a suivie, celle que je pratique moi-

même avec beaucoup de précautions et de ménagemens, n'est rien moins que douteuse, j'ai presque dit ruineuse. Je ne négligerai donc rien pour faire connaître le bien et le mal de cette opération; après cela les cultivateurs d'abeilles en tireront parti à leurs risques ou avantages (*).

Il y a des années où les essaims artificiels réussissent très-bien, tandis que dans d'autres, avec tous les soins et les attentions possibles, on perd la mère et l'essaim. Si un propriétaire de vingt ou trente paniers les partageait tous en juin, c'est le temps le plus convenable, dans une année pareille à 1816 ou 1825, il courrait grand risque de n'avoir pas une mouche à la fin de l'hiver suivant. On voit qu'il est nécessaire d'agir avec prudence et circonspection.

(*) Dans quelques parties de l'Allemagne, en Prusse, en Bohême, mais particulièrement dans la Saxe, il y a des gens qui courent les villages pour faire des essaims artificiels; ils ont une grande habitude des ruches; ils connaissent bien l'instant où il faut opérer. Les ruches sont disposées convenablement, et cependant ils n'oseraient garantir le cinquième des ruches qu'ils partagent.

8

Théorie pour ma Ruche en deux pièces.

Lorsque j'ai jugé une ruche dans un état convenable, vers les dix heures du matin, j'ouvre la division dans laquelle elle se trouve, et je pose devant cette ruche une planche sans entaille; je place sur cette planche la ruche entière que je veux opérer. Les abeilles se trouvant enfermées, une partie des gardes, des ouvrières, des bourdons, et même des jeunes reines s'il y en a, gagnent la boîte supérieure; la vieille reine au contraire court à l'entrée, et y reste dans un état d'agitation. Aussitôt que l'on entend un bourdonnement au-dessus de la ruche, ou deux ou trois minutes au plus après qu'elle a été fermée, on enlève promptement la boîte de dessus, et on la pose précisément où était la ruche entière; on se hâte de la remplacer par une boîte vide, et on porte cette nouvelle ruche à quelque distance du rucher, en observant de laisser les abeilles enfermées le restant du jour et la nuit suivante. Dans cet intervalle les abeilles parcourent, nettoient et disposent la ruche à recevoir le produit de leur industrie. Le lendemain on range la ruche sur une entaille dans une division destinée aux essaims artificiels. On peut s'apercevoir dès le lendemain si l'on a réussi. Les abeilles des deux ruches commencent leurs travaux dans la même journée. Les jours suivans les butineuses paraissent animées et vigoureuses ; elles apportent de la cire brute en quantité. Si l'opération est manquée on s'en aperçoit également : les abeilles paraissent tristes, souffrantes, les butineuses ne rapportent point de cire brute, et celles de la boîte inférieure se rassemblent à l'entrée intérieurement; enfin si elles restent dans cet état pendant huit ou dix jours au plus, il faut reformer l'ancienne ruche dans le même lieu et comme elle était; les abeilles se reconnaissent, reprennent leurs travaux, et si l'année est bonne la ruche essaime au commencement de juillet. Pour opérer il faut, 1.º qu'il y ait du couvain éclos dans la ruche depuis plus de vingt jours; 2.º que les deux boîtes soient entièrement remplies; 3.º que les abeilles soient en assez grand nombre pour couvrir tous les rayons de la boîte inférieure; 4.º que la chaleur soit à

25 degrés au moins dans la ruche ; 5.º que les deux boîtes pèsent ensemble plus de trente livres. On ne doit jamais commencer les essaims artificiels qu'on ait vu un ou plusieurs essaims naturels : cette précaution est très-nécessaire ; elle prévient les accidens qui résulteraient d'une année pareille à 1816, 1817 et 1825.

Il ne faut pas inconsidérément, ou dans la crainte de perdre du temps, opérer une ruche sur laquelle il y a de l'incertitude. Il est difficile à quelques personnes de distinguer les jeunes ouvrières, mais elles ne peuvent se tromper sur les nouvelles reines et les bourdons. Elles doivent donc surveiller tous les jours, de midi à trois heures, la sortie de ces derniers, en tenir note exacte, et ne faire un essaim artificiel que quinze ou seize jours après qu'elles auront vu sortir des faux bourdons de la ruche ; si elles apercevaient plusieurs jeunes reines dans la même ruche elles pourraient faire un essaim artificiel de suite, en prenant toutefois les précautions indiquées, et en tâchant encore de mettre une reine dans chaque ruche.

A la rigueur, on ne devrait faire des es-

saims artificiels que quand on est assuré qu'il
y a des jeunes reines nées ou près de naître.
Je doute encore de la faculté qu'ont les
abeilles de faire des reines à volonté, ou, si
j'admettais cette faculté, on me permettra
bien de croire qu'elles ne réussissent pas
toujours : comme saint Thomas, je ne crois
aux miracles qu'après les avoir vus, et je
pense que c'est un miracle que de supposer
que la nourriture et l'étendue du logement
puissent donner à la créature des formes
et une organisation que le Créateur lui a
refusées. Je conviens néanmoins qu'ayant
enlevé les reines de plusieurs ruches, quelques-unes sont parvenues à s'en donner
d'autres ; mais je ne connais point la manière
dont les abeilles opèrent, et sur dix ruches
trois seulement ont réussi. D'un autre côté,
j'ai vu des faux bourdons dans de petits
alvéoles, et des nymphes d'ouvrières dans
des cellules du grand modèle, où, n'étant
ni gênées ni contraintes, elles sont cependant
nées ouvrières et restées mulets. Ceci n'a
rien d'extraordinaire : la mule du pape,
celles qui traînent le despotisme espagnol,
pour être bien nourries et magnifique-

ment logées, ne sont pas plus fécondes
que la mule de dom *Miguel* qui a une ar-
moire pour écurie, et qui ne vit que de
croûtes moisies, d'écorces de melons et de
paquets de chiendent que *las muguéras* apportent pour faire de la tisane au maître
de cette mule en venant prendre des billets
de confession.

Soins des Ruches et des Essaims.

Si on établit les ruches comme il a été dit
page 115, les soins que demandent les
abeilles sont peu de chose : une visite à la
fin d'août pour s'assurer de la mort des
faux bourdons; une ou deux pendant l'hiver pour muter les ruches faibles s'il s'en
trouve; ensuite les précautions nécessaires
pour la récolte du miel et de la cire. Les
ruches dans lesquelles on ne fait point de
récolte au printemps doivent néanmoins être
nettoyées et un peu fumées après l'hiver,
ainsi que les abeilles de toutes les ruches.
On prend de la toile propre, dans laquelle
on roule quelques feuilles de plantes aro-

matiques qui peuvent être remplacées par des pelures de pommes ou du sucre en poudre. Un des grands biens de ma méthode c'est de ne demander ni soins ni travail pour les ruches.

Quant aux essaims naturels, on est obligé de les guéter pendant six semaines, et même deux mois dans les années variables; mais en observant bien ce qui a été dit page 106, un enfant de dix à onze ans, avec un peu d'intelligence, qui aura vu lever un essaim ou deux, ramassera aisément ceux d'un rucher de trois divisions. On trouvera facilement des enfans de cet âge dans les villages les plus rapprochés des ruchers. D'ailleurs combien de désœuvrés obstruant les rues et les carrefours des villes, cherchant çà et là des gourmades, ne seront pas fâchés de gagner une trentaine de francs à ne rien faire! Ah! si tu pouvais, industrieuse abeille, inculquer tes exemples dans la tête de ces fainéans, rendre la souplesse à leurs membres engourdis, et les habituer comme toi à ramasser l'été pour se nourrir l'hiver, tu leur rendrais un grand service, et par suite à la société; si tu pouvais, dis-je, sé-

cher quelques larmes soit au père, soit au
fils, soit à l'épouse infortunée, que je se-
rais heureux d'avoir augmenté ton empire!
Hâtez-vous donc, gens de tou es les condi-
tions, de multiplier les ruchers! Là, et là
seulement, vous trouverez réunis l'utile et
l'agréable, et même le superflu; vous aurez
la double jouissance de voir ces insectes
constans, laborieux, dont le travail est une
merveille de la nature, d'occuper quelques
malheureux, et peut-être d'un coquin en faire
un honnête homme! Hâtez-vous, il est temps.
On voit déjà dans nos vallons une abeille
pendue à chaque fleur; les plaintives dryades,
à l'ombre des tilleuls, ne sont plus isolées;
l'active butineuse, qui va rôdant partout,
alléchée par l'odeur de la fleur à cent pointes (*), en grondant sur leurs têtes, les sur-
prend, les effraie; puis l'essaim bourdonnant
à travers le feuillage les oblige à rentrer
dans leurs sombres demeures.

_____

(*) La belle espèce de tilleuls de Hollande a une
fleur qui porte de quatre-vingts à cent sommets très-
menus, contenant les uns des poussières prolifiques,
et les autres des poussières fécondantes.

Mutations.

AVANT d'avoir réglé mes essaims et mes
récoltes au poids, je regardais les mutations,
que je ne connaissais pas encore, comme
indispensables ; j'allais jusqu'à croire qu'il
était impossible d'entretenir quelque temps
un rucher un peu nombreux sans le secours
de cette opération. Je le répète, je n'ai jamais
eu confiance aux moyens que l'on emploie
pour nourrir une ruche faible ; je les ai cependant tous mis en usage, mais sans succès. Après le désastre de la nuit de Noël,
j'avais ramassé plusieurs millions d'abeilles
provenant de mes ruches perdues et autres ;
je les nourrissais dans des vases, et faisais tous
mes efforts pour les faire adopter de celles
qui avaient couru les mêmes dangers. Je
commençai par mettre une demi-livre de
mouches dans la ruche la plus faible, elles
furent massacrées dans un instant ; c'était
le matin, je crus que je réussirais mieux le
soir : j'y essayai. Le lendemain je trouvai
sous la ruche plus d'abeilles mortes que je
n'en avais mis de vivantes. Considérant mes

abeilles comme perdues, d'ailleurs elles me
coûtaient beaucoup à nourrir, je tentai inutilement toutes sortes de moyens pour réunir
ces peuplades. Après avoir perdu toutes mes
mouches, cherchant toujours à confondre
les familles, je pris un autre parti duquel
j'obtins un succès complet. Depuis j'en ai
tenté d'autres qui m'ont réussi. Je vais en
donner les détails :

Lorsque je m'aperçois qu'une ruche est
faible ou qu'elle manque de provision, ce
qui arrive rarement en prenant les précautions que j'ai indiquées, je la pèse, et si elle
a moins de six livres non compris le bois,
je fais monter toutes les mouches dans le
magasin ; si c'est une ruche d'une seule pièce,
j'enlève ce magasin et bouche le bas avec
une toile de canevas très-claire et très-
mince ; je donne ensuite ce magasin à une
ruche pesant au moins vingt livres en rem-
placement du sien que je vide, en ayant
soin de rendre les abeilles au bas de la
ruche. On opère de la même manière une
ruche de deux pièces : la boîte supérieure
remplace le magasin.

Les abeilles restent quelque temps dans

leur ancienne demeure, y consomment les provisions qui s'y trouvent, et finissent par percer le canevas pour s'en procurer d'autres ; celles du bas, accoutumées à leur odeur, ne s'y opposent pas. Il arrive quelquefois que les deux familles restent séparées ; dans le cas contraire l'une des reines est sacrifiée.

Je prends les mêmes précautions pour mêler deux essaims âgés de plus de trois jours.

Autre manière de Muter les Ruches pendant l'Hiver.

On peut dans toutes les saisons faire une mutation comme celle que je viens de décrire ; mais en hiver, lorsque les abeilles n'ont plus rien à manger, ou que l'on veut vider une ruche pour profiter de ses provisions, voici une autre façon qui réussit également : Je prends deux ruches, j'ôte le couvert de celle que je veux vider et la couvre d'un linge clair (si le dessus de la ruche était fixe on serait obligé d'y faire un trou);

ensuite je la renverse en l'élevant sur des
cales, puis je place dessus la ruche à conserver, en observant de ne point laisser de
passage à l'extérieur par où les abeilles
puissent s'échapper. Lorsque les deux ruches
sont ainsi assujetties, je fais de la fumée sous
celle du bas avec du linge propre : bientôt
les mouches gagnent la partie supérieure
de la boîte du dessus. Dès que j'entends une
grande agitation, j'ôte les fumerons et laisse
les deux ruches dans cette position pendant
cinq ou six heures, après lequel temps je dispose de la ruche du dessus dans laquelle se
trouvent toutes les abeilles, à l'exception de
la reine de la ruche du bas et des cou-
vières qui restent en paquets sur les vers et
les œufs. Après avoir dépecé les rayons, on
met sous la ruche conservée les mouches
qui étaient restées. Par ce procédé on peut
partager les abeilles entre plusieurs ruches en
mettant sur la ruche renversée une planche
percée ou un linge, et en dirigeant les
abeilles par des corps dans autant de vaisseaux qu'on voudra. Cette façon de faire une
mutation ne peut avoir lieu que dans une
chambre dans laquelle le thermomètre se

soutient de huit à dix degrés par un temps
de gelée; à l'instant où l'on ôte les fumerons,
on éteint le feu et on ouvre les croisées pour
faire baisser la température.

On peut encore substituer de l'eau tiède
à la fumée quand on est certain qu'il n'y
a point de miel dans la ruche sacrifiée; dans
ce cas on plonge cette ruche lentement dans
l'eau afin de donner le temps aux abeilles
de débarrasser les rayons et les cellules. En
général on doit préférer l'exemple précédent.

Autre exemple de Mutations pour l'été.

CETTE façon est la plus utile; il m'est arrivé de mêler trois ruches sans perdre une
mouche; je ne saurais donc trop la recommander aux personnes qui sont dans l'abominable habitude d'étouffer une partie de
leurs ruches pour en faire la récolte. Toute
la difficulté de cette opération c'est d'avoir
un local. Je choisis un cabinet ou une guérite de mes ruchers, dans laquelle il n'y

ait aucune ouverture lorsque la porte est
fermée; je place même un rideau devant le
carreau ou la croisée. Quand le local est disposé, on y apporte les ruches ou les boîtes
contenant les abeilles que l'on veut mêler :
si ce sont des abeilles ramassées ou des essaims qui n'ont pas encore travaillé on les
verse tout uniment sur la planche ou le
pavé, et on met une mèche dans chaque
boîte ou ruche pour les irriter davantage.
Lorsqu'elles sont bien agitées on place un ou
plusieurs tubes en verre pour donner de la
lumière dans des trous pratiqués d'avance,
lesquels tubes correspondent à une ou à
plusieurs boîtes destinées à recevoir provisoirement les mouches pour les donner ensuite à une ou à plusieurs ruches. Si ce sont
de vieilles ruches on chasse de même la plus
grande partie des abeilles de celles à conserver; on dépèce celles sacrifiées, soit pour
changer les abeilles, soit pour prendre la
totalité de leurs provisions. Si elles s'obsti-
naient à rester dans les paniers, on les force-
rait à les quitter avec une mèche, comme
nous venons de le voir. On doit avoir l'attention de faire sortir dans le local, avant de

placer les tubes, la plus grande partie des
abeilles de la ruche qui doit recevoir les
autres; cela est nécessaire pour éviter les
combats : ces mouches se trouvant mêlées,
celles qui sont restées dans la ruche les
reçoivent toutes sans difficulté. Il est inutile
de dire que les boîtes destinées à recevoir
momentanément les abeilles doivent être
disposées préalablement, afin que l'on ne
soit pas obligé de sortir pendant l'opération.

Remarque sur des calculs qui m'ont été
adressés, et que l'on m'a dit être du
célèbre observateur M. DE RÉAUMUR.

Il résulterait de ces calculs que celui qui
les a faits a vu des essaims de 40 mille mouches; il n'a pas compté les abeilles de ces essaims, mais il se fonde sur ce qu'ils pesaient
plus de 8 livres, et qu'ayant pesé des abeilles
il lui en fallut 5376 pour une livre. On m'a
vraisemblablement mal rendu l'idée de M. de
Réaumur. J'avais aussi évalué par le poids
le nombre de mouches qui composent un
essaim; n'étant pas d'accord avec l'homme

célèbre que l'on m'a nommé, j'ai ajourné
la publication de mon ouvrage pour recom-
mencer mes calculs en 1826 : on les trouvera
à la suite de cet article, et chacun pourra
les vérifier. Je ferai remarquer en passant
que l'on me fait observer que M. de Réaumur
a dit que la reine pondait de 12 à 15 mille
œufs par an.

Il est bien vrai qu'il faut de 5000 à
5500 abeilles mortes de faim et desséchées
pour peser une livre ; mais comment peut-
on comparer ces abeilles, pour le poids, à
celles qui sortent d'une ruche où tous les
couteaux ont été à leur discrétion, qui ont
rempli leur vessie et gorgé leur estomac de
miel, qui sont outre cela munies de cire
pure et brute, en un mot à des mouches
approvisionnées pour dix ou douze jours ! Il
est tout naturel de penser que ces dernières
pèseront davantage.

Un essaim de cinq livres, enfermé dans
une ruche vide, y construit en huit jours,
sans avoir reçu aucune nourriture, environ
2 onces de cire, et dépose dans les alvéoles
18 à 19 onces de pâtée et de miel clarifié,
ce qui fait à peu près le quart du poids ; ajou-

tons à cela que l'abeille tient la vie de quelque peu de chair, ou au moins de quelques parties humides qui se perdent par l'évaporation après sa mort, ce qui doit encore diminuer sa pesanteur.

Voici des calculs répétés plusieurs fois, à différentes époques, et qui n'ont pas varié de plus de 300 abeilles par livre :

10 à 11,000 abeilles mortes et desséchées pèsent 1 kilogramme; 5500 pour 1 livre environ.

9680 mortes de la dyssenterie pèsent 1 kilogramme; 4840 environ pour 1 livre.

8400 vivantes, des plus grosses variétés, pour 1 kilog.; 4200 pour 1 livre environ.

9144 petites flamandes font le même poids.

146 faux bourdons vivans pèsent 1 once.

7079 abeilles approvisionnées, faisant partie d'un essaim, pèsent 1 kilogramme.

D'après ces calculs, que l'on doit considérer comme se rapprochant beaucoup de la vérité, un essaim de 5 livres n'est composé que de 17,500 abeilles, y compris 300 bourdons. La reine augmente ce nombre de moitié approchant, et les pertes de l'automne et de l'hiver réduisent la ruche

9

à moins de 8000 au commencement du printemps. J'ai souvent compté les mouches de ruches mortes de maladie ou de faim, et n'y en ai jamais trouvé plus de 4 à 5000. Un fort essaim sacrifié au mois de mars était composé de 7112 abeilles ; 1142 alvéoles contenaient du couvain bouché, et 2030 étaient occupés par des vers et des œufs.

Ouvrage.

LES alvéoles sont tous construits uniformément ; ils varient peu pour le diamètre, mais beaucoup pour la profondeur. Assez généralement les petits ont deux lignes trois vingtièmes de diamètre, et les grands trois lignes non compris les parois ; dix des premiers ont deux pouces de longueur, vingt-cinq pour le pouce carré, et seize du plus grand diamètre. Trente-cinq mille quatre-vingt-seize alvéoles du petit modèle n'ayant contenu ni couvain ni provision pèsent une livre, et peuvent contenir trente-cinq livres et demie de miel, en sorte que la cire ne fait pas tout-à-fait la trente-sixième partie du poids d'un couteau. Dans les alvéoles du grand modèle la cire ne forme que la quarante-troisième partie. Ces calculs sont établis sur des alvéoles neufs de cinq lignes de profondeur ; la cire ou plutôt les parois de la cellule acquièrent beaucoup de poids en vieillissant.

CHAPITRE V.

Ennemis des Abeilles.

Sɪ la ruche des bois n'était pas en planches fortes et peintes, ou que l'entrée fût élevée, elle serait très-exposée. Les renards, les putois, les martres, les rats, attaquent, percent et détruisent les ruches en paille, en osier et autre bois liant : dans l'hiver de 1825 à 1826 ils m'en ont mangé soixante-sept. Les souris et les mulots cherchent à s'y introduire, et quand ils y parviennent ils mangent les abeilles et les couteaux, apportent des feuilles et de la mousse, nichent dans les rayons; et si l'on ne s'en aperçoit promptement ils détruisent la ruche. Au printemps les limaces grises, attirées par l'odeur de la nouvelle cire, se traînent autour des ruches, y entrent lorsqu'elles le peuvent, tapissent de glaires les côtés de la ruche et le bas des rayons, ce qui dégoûte les mouches, et les force assez souvent à abandonner leur demeure et leur ouvrage. Quelquefois les abeilles les tuent, et, dans la crainte d'être empestées, elles enduisent le corps avec de la propolis, ce qui leur fait perdre un temps considérable. On voit qu'il est indispensable de tenir l'entrée des ruches large et très-basse pour éviter la sujétion de les griller, et que sans cette précaution elles ne réus-siraient pas dans les bois. Quant aux ruches en paille et autres de cette sorte, il ne faut pas les y mettre; elles deviendraient la proie des ennemis que nous venons de signaler. Ces ruches ont encore un ennemi fort dan-gereux dans la fausse teigne; mais, soit que le papillon qui la produit craigne le sapin ou la peinture, soit qu'il s'en trouve moins dans les bois qu'auprès des habitations, au-cune de mes ruches n'en ayant encore été attaquée, je n'ai point pris de précaution pour m'en défendre.

L'ennemi le plus redoutable aux abeilles
dans nos pays c'est la faim ; les dix-neuf
vingtièmes des ruches qui succombent périssent par ce fléau. Le froid, quoique peu
violent en France, en détruit néanmoins une
assez grande quantité : les ruches faibles,
celles peu fournies, et celles dans lesquelles
les abeilles sont trop divisées y sont plus exposées que les autres. D'après l'expérience
que j'ai des habitudes et des besoins de cet insecte précieux, j'attribue au propriétaire la
presque totalité des accidens qui lui arrivent :
c'est ce que je vais essayer de changer, en
l'engageant à être plus soigneux et moins
avide. Je sais bien que ce dernier vice est
enraciné comme du chiendent dans une
terre froide ; aussi est-ce d'après les principes d'un bon laboureur que je propose
de l'attaquer : à force de labours il détruit
les mauvaises herbes; à force de répéter
et de prouver que le cultivateur d'abeilles
gagnera en changeant de méthode, il finira
par essayer d'abord sur une ruche dans
la crainte de perdre, et lorsqu'il aura réussi
une fois ou deux il abandonnera son ancienne routine. Cela ne peut manquer ; car

aujourd'hui l'intérêt est un levier à ressort aussi long que le monde, et qui remue toutes les imaginations.

Le premier point pour conserver des ruches est de se conformer à ce qui a été dit sur les pâturages, les essaims, la formation des ruches et les mutations. Ces principes sont applicables à toutes les formes de ruches et dans tous les pays.

Le deuxième point est de suivre ce qui sera expliqué plus loin sur la récolte, les maladies et le soin des abeilles dans l'état actuel des ruchers. On me reprochera sans doute encore que, la balance à la main, je ne m'attache qu'au solide : c'est que j'ai toujours remarqué qu'un bon écu n'était pas creux. Quoi qu'il en soit, en pratiquant ce que nous venons d'exposer, je garantis que l'on aura des ruches peuplées, approvisionnées, qui sauvées de la faim ne craindront pas le froid. Nous avons déjà remarqué que le miel était légèrement fermentescible ; cette propriété semble lui être plus particulière dans son état naturel : ce qu'il y a de certain c'est qu'il ne gèle jamais, qu'il se conserve liquide dans les alvéoles

toute l'année, quel que soit le degré de froid
ou de chaud des saisons. Plus la masse
est grosse, plus la fermentation doit être
active; si nous ajoutons à cela la chaleur
de 12 à 15 mille individus en mouvement
dans un petit espace, nous serons forcés
de convenir qu'il est bien difficile qu'un
froid de 12 à 15 degrés puisse les atteindre.
Dans une ruche forte le thermomètre se
soutient de 8 à 12 degrés dans les abeilles,
et ne descend jamais à zéro sur le siége.
Cette température est nécessaire à l'existence
des mouches, lesquelles s'engourdissent à
2 et même 3 degrés au-dessus de zéro, et
meurent dans cet état le cinquième jour, c'est-
à-dire qu'elles ne peuvent plus être rappelées
à la vie après un plus long délai. On doit
donc muter toute ruche dans laquelle le
thermomètre enfoncé parmi les abeilles ne
monte pas à 5 degrés dans un temps de
gelée. Ce qui prouve que le nombre des
habitans et les provisions de la ruche y
entretiennent une chaleur utile, c'est que
dans les contrées les plus froides de la Russie
et de la Suède les abeilles, à raison de l'é-
lévation de la ruche qui est perchée au-

dessus des plus grands arbres , sont exposées
à un froid de plus de 25 degrés; et si elles
ne périssent pas on ne peut l'attribuer qu'à
la disposition de l'intérieur de la ruche.

Je ne m'occuperai pas des ennemis qui
prennent les mouches au vol, c'est une
espèce de droit de chasse analogue à celui
que l'homme prend sur le sanglier. Je conseille néanmoins de brûler les nids de guêpes
ordinaires qui se trouvent dans les environs
des ruchers, et d'éviter les endroits trop
peuplés de guêpes et autres mouches ich-
neumones ainsi que de moineaux vulgaires.

Maladies des Abeilles.

L'ABEILLE ne vit pas un temps assez long
pour être sujette à beaucoup de maladies.
Depuis que j'ai transporté mes ruches dans
les bois, je n'ai remarqué de maladie con-
tagieuse que dans une seule ruche qui
a été attaquée de la dyssenterie ou dévoiement. Cette maladie est très-dangereuse;
elle se manifeste par la déjection de ma-

tières gluantes, de couleur brune, que les
abeilles laissent tomber partout où elles
se trouvent. Dans ce flux de ventre elles
ne peuvent pas retenir leurs excrémens,
et en peu de jours l'inflammation devient
si considérable qu'elle pourrit les intestins
et altère la vessie qui contient le miel :
alors l'abeille succombe en très - peu de
temps.

C'est à tort que beaucoup de personnes
ont dit que cette maladie ne se manifestait
qu'au printemps ; je l'ai fort souvent re-
marquée en automne et en hiver : elle
est plus dangereuse avant et pendant cette
dernière saison qu'après. Il est presque
impossible de sauver une ruche qui en
est infectée dans le temps que les abeilles
ne sortent pas. Un de mes essaims de
1825 en est mort le 3 janvier 1826 ; je compte
que la maladie n'a pas duré plus de cinq
jours.

Au mois d'octobre 1825 une très-grande
quantité de ruches en a été atteinte ; plusieurs propriétaires m'ont consulté ; voici
les moyens curatifs que j'ai conseillés, et
qui ont partout détruit la maladie en cinq

ou six jours : Une bouteille de bon vin
vieux; une demi-livre de sucre blanc ou
noir; autant de miel de première qualité;
une pomme de reinette; deux poires de Saint-
Germain, et une trentaine de gouttes de
bonne eau-de-vie : je mets le tout dans
un vase, et fais réduire jusqu'à consistance
de sirop. Si le temps est doux on peut
donner ce sirop sous la ruche sur des assiettes plates; mais s'il est froid il faut
le jeter avec une plume ou un pinceau
entre les rayons jusque sur les abeilles
malades.

Vers la fin de 1826 le hasard me fit
remarquer à Vesvrotte un rucher qui me
parut considérable; la curiosité m'attira
auprès; je cherchai inutilement quelques
personnes pour m'accompagner. Après avoir
fait le tour des bâtimens, j'entrai dans le
potager où est le rucher; je visitai les ruches
l'une après l'autre : sur trente-trois dont
le rucher était composé neuf étaient attaquées de la dyssenterie. La maladie était
benigne; une dose ou deux de sirop auraient
suffi pour les guérir. J'examinai encore
plusieurs ruchers dans les fermes et les

villages voisins ; je reconnus les germes de
la même maladie dans tous les ruchers, et
la même insouciance chez tous les propriétaires. Je ne crains pas d'avancer que
plus du quart des ruches malades mourront
pendant l'hiver, sans compter l'affaiblisse-
ment de celles qui résisteront. Voilà comme
on soigne les abeilles en France ! Étrange
bizarrerie ! on loge les chiens dans des chenils
planchéiés dont les portes sont à panneaux
et à moulures, et on laisse les abeilles dans
des ruches empoisonnées !

Les personnes qui ont une grande habitude connaissent la maladie à la position
des abeilles ; celles qui en sont attaquées
se tiennent ordinairement sur leurs pates de
la première paire, ayant la partie postérieure
élevée qu'elles frottent continuellement
avec les pates de la troisième paire. Sans
avoir recours à cet indice, on est assuré que la maladie existe quand on voit
autour et sur les ruches des taches brunes.
Lorsque la maladie est invétérée ces taches
semblent tenues par un fil de même couleur ;
ce signe indique que l'inflammation est si
considérable que les mouches ne peuvent

plus retenir leurs excrémens, même momentanément. On ne peut pas se tromper
sur les ruches malades, l'entrée et le siége
sont tapissés de ces matières.

Les vraies causes de cette maladie ne
m'étant pas connues, je n'ai rien fait pour
la prévenir. Il est impossible de s'arrêter à des présomptions dont l'effet du
jour est contraire à celui de la veille; ce
que l'on peut dire de plus probable c'est
que l'humidité altérant le miel, ce miel
peut bien également nuire à l'abeille qui s'en
nourrit; peut-être aussi que les pâtées trop
acides ou gâtées sont contraires à la santé
des mouches. Ce qu'il y a de certain c'est
que le miel coulé ou pressé leur donne
un dévoiement momentané.

Piqûre des Abeilles.

Nous avons vu que l'abeille ouvrière est
pourvue d'un aiguillon; cette arme ressemble
assez à l'épée d'un conquérant : elle frappe

tout ce qui lui fait ombrage, sans s'infor-
mer s'il peut lui nuire ou lui être utile.
L'abeille des bois, attendu son isolement,
est très-susceptible d'irritation. J'ai vu en
Pologne des gens qui m'ont dit avoir fait
connaissance avec les leurs au point de
soulever les ruches et de manier les rayons
sans en être piqués. J'avoue que je ne suis
point parvenu à amener les miennes à
ce degré de *civilisation*. Il ne m'est
pas encore arrivé de les visiter, quoique
j'aie toujours la précaution de me couvrir,
sans recevoir quelques marques cuisantes
de leur attachement, et, bien que ces caresses se renouvellent fréquemment, je
désespère d'en finir comme Mithridate.

Les personnes qui tiendront des ruches
dans les bois feront sagement de ne jamais en approcher sans être bien couvertes
et masquées; je conseille aux femmes de
ne point les visiter en robes courtes, et
aux hommes en pantalons larges : les abeilles
s'introduisent dessous, et la piqûre est plus
mauvaise à raison de l'irritation provoquée
par le frottement. La mousseline, les cali-
cots même en double, ne sont pas assez

épais pour prévenir la piqûre de l'abeille des bois. Avec toutes les précautions, il n'est pas inutile de tenir près du rucher une petite fiole d'alcali volatil : on en met une goutte sur la piqûre après en avoir retiré le dard.

————

Vie, Mort, Instinct et Usages des Abeilles.

L'ABEILLE naît avec une conformation telle qu'après deux ou trois jours elle a autant de vigueur et autant d'adresse que celles de l'année précédente, soit comme ouvrière, soit comme butineuse, On n'est pas d'accord sur la durée de sa vie : les uns disent qu'elle vit sept ou huit ans ; les autres quatre ou cinq ; le plus grand nombre croit qu'elle meurt au bout d'une année. Les extrêmes manquent de probabilité. Il est certain que les abeilles vivent plus d'une année ; en voici presque la preuve : Nous savons que dans certaines ruches la reine commence sa ponte en décembre et la finit en juin ; nous avons aussi remarqué que beaucoup de ruches

n'avaient point encore de couvain bouché
en mai. Si une ruche se trouvait dans ces
deux cas d'une année à l'autre les ouvrières de la première année seraient mortes
avant d'avoir couvé les petits de la seconde.
Si une année tardive suivait une année
printanière, si le couvain manquait tota-
lement, ce qui arrive quelquefois, les
ruches périraient, et l'espèce diminuerait
et pourrait se perdre entièrement. Mais elles
ne vont ni à quatre ni à huit ans; l'observation suivante le démontre d'une manière
sensible :

En 1823 j'avais une ruche de quatre
pieds de hauteur sur deux de diamètre ;
je l'avais amenée à ce point en donnant
chaque année des hausses à la première
ruche. Les supports que je plaçai entre
chaque hausse cassèrent le 26 juin. La
ruche n'avait pas jeté depuis trois ans.
Tout le travail qui était dans les hausses
tomba sur le siége ; lorsque je m'en aperçus
le miel coulait tout autour. Les abeilles
étaient sorties, et s'étaient placées auprès et
au-dessus de la ruche. Désirant les conserver, je les tirai doucement dans des

ruches ordinaires; elles étaient si nombreuses que j'en remplis trois; je pris tous
les rayons détachés, et, après avoir nettoyé
le siége, je remis la ruche à sa place sur
les hausses qni se trouvaient vides: toutes
les mouches y revinrent le soir et le jour
suivant. En séparant les masses tombées,
je reconnus la reine qui avait été étouffée
avec beaucoup d'autres abeilles. J'aurais
pu tirer parti de la multitude d'abeilles
vivantes, qui restaient sans chef, par une
ou plusieurs mutations; mais mon intention
étant de m'assurer si elles pourraient s'en
faire un, et dans l'impossibilité combien
de temps et comment elles existeraient,
je les abandonnai donc à elles-mêmes.
Dès le lendemain je m'aperçus qu'elles
étaient dans la tristesse et l'inaction. Diminuant chaque jour, elles purent se loger
entre les rayons au commencement de
l'hiver. Elles n'eurent pas le courage de
tuer leurs faux bourdons; ils moururent
naturellement aux mois de mars et avril.
Le 1.er mars je portai la ruche au bois; elle
était encore amplement fournie, et pesait
quarante-six livres panier compris. Les

10

abeilles restèrent dans la même situation,
continuant de se nourrir des vieilles provisions et diminuant sensiblement. Le 23 juillet 1825 je dépeçai le travail ; je n'y trouvai
que quinze abeilles auxquelles il ne restait
de cire et de miel que huit livres pesant.
La partie supérieure de la ruche était en-
vahie par de jeunes teignes. J'ai depuis répété des expériences qui ne me laissent aucun doute sur la durée de la vie des abeilles ;
mais ces observations sont du domaine de
l'histoire naturelle, je les rapporterai plus
tard.

Il périt sans doute de mort violente une
grande quantité de mouches qui échappent
à nos regards ; cependant celles qui tombent de vieillesse sont si nombreuses que
dans les mois de juin, juillet et août la
terre est quelquefois couverte d'ouvrières
qui s'agitent, se tourmentent, et font de
vains efforts pour regagner leur habitation
dans laquelle elles ne seraient plus reçues.
A en juger par leurs mouvemens précipités,
la maladie doit être douloureuse : c'est par
les ailes qu'elles manquent ; et n'étant plus
propres au travail elles sont chassées de

la ruche, abandonnées aux injures de l'air, sans aucune espèce de nourriture, et finissent dans un état de tournoiement qui est peut-être avancé par la faim, après quatre ou cinq jours de misère.

L'instinct des abeilles est reçu dans bien des pays pour de l'esprit ; plusieurs peuples leur attribuent le don des prodiges qu'elles n'ont pas. Leur ouvrage passe pour des merveilles ; il est incontestable que le travail qu'elles exécutent en société est admirable, mais toute la science est dans la société : l'abeille isolée est un insecte inutile qui ne sait même pas pourvoir à sa nourriture. Les mouches d'une ruche présentent l'image d'une monarchie accomplie : elles se connaissent toutes au mouvement des antennes ; il est probable que c'est par ces organes qu'elles éprouvent le sens du tact, car les gardes reconnaissent et massacrent une étrangère aussi bien la nuit que le jour. Les abeilles d'une même ruche ont entre elles différens cris et chants qui les agitent, les calment, les divisent et les réunissent. Outre cela, elles ont un cri d'alarme et de joie qui est compris

de toutes les mouches en général. C'est par
ces manières de s'entendre qu'elles se réunissent sur un pot de miel, de sirop
ou autre matière sucrée, qui n'est découvert
que par une seule abeille. Il en est de
même d'une source ou d'une plus petite
quantité d'eau pendant les chaleurs dans
un terrain sec. J'ai souvent eu occasion
de remarquer l'utilité du cri de ralliement.
Lorsque je change mes ruches de pâturage
pendant la floraison, les abeilles sortent
d'abord une à une, décrivent de grands
cercles autour du rucher, et reviennent
auprès de la ruche pour s'écarter de nouveau à de plus grandes distances. Si un
champ de sainfoin, de navette ou d'autres
fleurs fournies, est découvert par une
ou plusieurs mouches, on entend immédiatement un bourdonnement semblable à
celui du départ d'un essaim, et on voit
toutes les butineuses se diriger du même
côté, et rapporter des poussières de la couleur des étamines des fleurs. Si l'on partage
un essaim ou une vieille ruche en plusieurs
portions, les abeilles de celle où est la reine
font bientôt entendre ce cri, et leurs sœurs

se réunissent promptement à elles si elles ne sont pas enfermées. Une ruche d'expérience, placée dans la chambre que l'on occupe pendant l'hiver, fait entendre à différentes heures du jour et de la nuit les cris et les chants que nous venons d'énoncer ; et si l'on profite de ces instans pour examiner les abeilles, on remarquera différens mouvemens et occupations chaque fois qu'elles changent de ton. Une circonstance vraiment remarquable de l'instinct des abeilles c'est qu'elles savent se garer de la grande chaleur et se préserver du froid ainsi que leurs petits. En été on voit à toutes les ouvertures extérieures des mouches qui étant appuyées sur leurs pates de la première paire agitent leurs ailes pour donner du mouvement à l'air. D'autres ventilateurs sont placés dans les communications intérieures, et agissent comme ceux du dehors. En hiver elles s'amoncèlent par couches au fur et à mesure que le froid augmente. S'il se trouve des alvéoles occupés par des œufs ou de jeunes vers, une abeille y entre la tête la première, et plusieurs couches d'autres abeilles couvrent le rayon des deux côtés. Plus le froid augmente, plus elles se pressent sur le couvain, et maintiennent par ce moyen la température au même degré dans les cellules.

On a beaucoup vanté le travail et l'économie de la fourmi, sa tendresse pour ses petits, et sur-tout son admirable composition de la lacque. Avec toutes ces perfections la fourmi est à l'abeille ce que le singe est à l'homme. L'économie chez les fourmis n'existe pas ou n'existe que momentanément : elles dévorent à l'instant ce qu'elles amassent, elles ne voient que le présent. L'abeille, au contraire, cherche, amasse et emmagasine pour l'avenir : désir, crainte, industrie, économie, prévoyance, sont des qualités innées chez elles ; point d'intérêt particulier, point d'égoïsme sur-tout ; richesses, dangers, fatigues, privations, tout est pour le bien de l'état. Chaque individu se dévoue, s'oublie, se sacrifie aux besoins de la patrie ; la reine est à la fois la mère et la gouvernante de ce peuple laborieux ; elle préside et dispose en même temps, sans mettre la main à l'œuvre; c'est la cheville ouvrière, c'est l'espoir et le soutien de la république ; la confiance est si grande et si bien fondée que si ce chef indispensable vient à manquer, tout change, tout souffre, tout languit; le désespoir et le malheur succèdent à la confiance et à la prospérité. Cet état naguère si florisant ne présente bientôt plus que ruine et désolation ; les habitans consternés se laissent mourir de faim à côté d'abondantes provisions qui leur ont coûté des soins et des peines innombrables.

Le principe du gouvernement des abeilles est d'augmenter la fortune et la population. Chaque citoyen, imbu de cette maxime, emploie tout son pouvoir et tout son temps pour la communauté. Les usages de ces insectes sont immuables, même ceux d'une férocite sans exemple dans la Nature. Une habitude barbare, fruit d'une inquiète prévoyance et d'un patriotisme trop étendu, porte ce peuple privilégié à détruire chaque année, à chaque instant même, tout ce qui est incapable de rendre service. La proscription s'étend sur tout ce qui n'est pas ou plus utile. Les mâles sont massacrés

en masse après la fécondation des reines,
et les ouvrières le sont en détail au fur et à
mesure qu'elles naissent faibles ou qu'elles
deviennent infirmes. Là le grand problème
de savoir si le père a des droits illimités sur
ses enfans est résolu. La main du Créateur,
empreinte sur tout ce qui croît et respire
dans la Nature, est plus visiblement marquée
sur les abeilles.

Pillage des Ruches.

Le pillage a été attribué à une infinité
de causes qui lui sont étrangères; j'ai vé-
rifié avec soin les notes et les renseignemens que je m'étais procuré sur cet article
dans les différens pays que j'ai parcourus,
et n'y ai reconnu aucune vraisemblance.
  Voici des faits qui méritent quelque attention; c'est à leur résultat que j'attribue
le pillage des ruches faibles, mal gardées
ou non suffisamment défendues :
  Nous avons vu que les butineuses ne ra-

massaient que pendant qu'il y a du couvain dans leurs ruches. La dernière nymphe
sortie, elles ne quêtent plus ni cire ni miel
bruts, mais elles cherchent cependant des
matières sucrées pour elles-mêmes; elles
en sont d'autant plus friandes que dans
ce temps leur nourriture n'est pas toujours
agréable.

Nous avons aussi remarqué que la nourriture des ouvrières était une espèce de pâtée
composée de résidu de cire et de miel.
Les abeilles, toujours inquiètes et toujours
prévoyantes, préparent d'abondantes provisions de poussières; lorsque le dernier
ver est bouché les travaux de construction
cessent; la cire n'est plus élaborée, et toutes
les poussières restant, qui dans certaines
ruches sont de quatre à dix livres, sont
mangées sans préparation par toute la population, sans qu'il soit permis, pendant
qu'elles durent, à une abeille d'entamer
un alvéole de miel. Cette nourriture dure
quelquefois plusieurs mois; ces provisions
n'étant plus rafraîchies par de nouvelles
poussières sont souvent altérées par la
fermentation, l'humidité, les vapeurs des

mouches, etc.; et c'est pendant que les
abeilles les consomment que les butineuses
se livrent au pillage des ruches mal gardées.

Dès la fin de juillet on aperçoit des
mouches rôder autour des ruches fournies
et peu peuplées; elles essaient d'abord dè
forcer l'entrée commune, mais les gardes,
continuellement aux aguets, défendent vail-
lamment la porte de leur demeure : alors
nos rôdeuses tâchent de surprendre celles
qu'elles n'ont pu vaincre. S'il y a une fente
ou un trou qui ne soit pas gardé, ou qui
le soit mal, elles en profitent pour s'introduire dans la ruche. Elles débouchent les
vieilles ouvertures fermées avec de la propolis. Lorsqu'un passage ignoré des habitans
de la ruche est découvert par des maraudeuses,
elles se gardent bien d'attaquer; elles se retirent, et sonnent une sorte de rappel autour
des ruches dans lesquelles les travaux ont
cessé : c'est le cri de ralliement que nous
avons déjà remarqué. A ce cri que les butineuses distinguent parfaitement, elles sortent en foule en bourdonnant sur le même
ton, se réunissent aux autres gourmandes,
et sont conduites à la ruche menacée par

celles qui en ont fait la reconnaissance. Une partie de la troupe pillarde se porte à l'entrée commune pour attirer les gardes, tandis que l'autre s'introduit à la dérobée par l'endroit accessible, et se dirige immédiatement vers la porte pour massacrer les gardes et faire un passage plus facile pour les voleurs. Alors le désordre augmente avec le bruit, les mouches se battent à outrance, et toute la population succombe en défendant son ou-vrage. Une partie des assiégeans périt dans la mêlée soit par les abeilles de la ruche pillée, soit par les pillards eux-mêmes qui ne se reconnaissent plus dans la confusion : d'où il résulte que le pillage d'une ruche est toujours fatal à plusieurs.

Moyens de prévenir le pillage des Ruches.

PLUS les ruches sont isolées, moins elles sont exposées. Quand on est obligé de les réunir il faut éviter d'y laisser d'autres issues

que l'entrée commune, et pour plus de
sûreté placer une grille devant, à la fin de
juillet, ou la réduire à trois ou quatre lignes
de diamètre. On aura rarement besoin de
recourir à d'autres précautions; cependant
si l'on apercevait, malgré ces soins, avant
le soleil levé ou au commencement de la
nuit, des mouches rôder et bourdonner
autour d'une ruche, il faudrait immédiatement diminuer l'entrée de celle-ci jusqu'à
ce qu'il n'y pût passer qu'une mouche dif-
ficilement.

On doit considérer toute ruche attaquée
comme perdue; le plus court parti, qui est
aussi le plus avantageux, est de prendre ce
qu'elle contient, tant en cire qu'en miel, dès
que l'on s'est assuré qu'il y a des étrangers
dans l'intérieur : c'est l'unique et dernière
ressource. On ne peut même conserver les
abeilles par mutation qu'après les avoir bai-
gnées. Dans ce cas on plonge brusquement
la ruche dans de l'eau fraîche; on ramasse
ensuite les abeilles dans une boîte à essaim,
et l'on fait une mutation avec le secours de
la fumée quand elles sont bien sèches et
ranimées.

●●●

CHAPITRE VI.

Manière de faire la récolte du Miel et de la Cire dans les deux Ruches que j'ai proposées.

LA récolte de ma ruche d'une seule pièce se fait en prenant ce qui est dans le magasin toutes les fois qu'on le juge à propos. Cependant la veille de l'hiver, et durant cette saison., on ne doit s'approprier les provisions du magasin qu'autant que celles de la ruche pèsent de quinze à vingt livres non compris la planche. Tous les trois ou quatre ans, et plus souvent si les années sont favorables, on peut renouveler la cire de cette ruche de la manière suivante :

Dans une année printanière et abondante, lorsque la ruche a essaimé en mai ou dans les premiers jours de juin, six jours après la sortie du premier essaim je m'assure si le magasin est plein de miel, et dans ce cas je l'élève de quatre à cinq pouces; j'oblige ensuite les abeilles à monter dans le vide que j'ai fait, j'arrache les bras qui traversent la ruche, et je m'empare de tout ce qu'elle contient tant en cire qu'en miel. S'il s'y trouve des gâteaux chargés de couvain, ou des cellules occupées par des vers pouvant devenir des reines, je les remets dans la ruche et les fixe au moyen des bras que je renfonce; je replace la ruche sur le siége, abaisse un instant après le magasin et laisse le tout dans cette position. Les abeilles travaillent avec autant d'activité qu'un essaim; on trouve souvent plus de cire et de miel dans ces ruches que dans celles qui n'ont pas été vidées.

La ruche à deux boîtes se récolte d'une autre manière. Au mois de novembre, et

plus tôt si l'on veut, par un beau temps, je
pèse la boîte supérieure, et si elle passe
vingt-cinq livres, non compris le bois, je
la pose provisoirement sur une boîte vide,
je chasse les mouches de la boîte inférieure,
et fais mon profit de ce qui est dedans.
Je remets ensuite cette boîte à sa place, et
l'autre dessus.

Au mois de juin, après le premier essaim
naturel, quand je n'ai pas fait ni envie de
faire un essaim artificiel, je prends tout ce
qui est dans la boîte supérieure si celle du
bas pèse plus de 25 livres non compris la
planche. S'il s'y trouvait beaucoup de couvain on pourrait ajourner l'opération. Dans
l'un et l'autre cas, il ne faut pas détacher les
rayons avant que les abeilles soient parties.
Pour faciliter leur sortie on enlève préalablement le couvert de la boîte du dessus,
on la place sous l'autre en la séparant par
des cales, et on fume cette boîte avant de
la vider.

Culture des Abeilles avec les Ruches anciennes. Moyens de les soigner et d'en faire la récolte.

J'ai déjà dit que cet ouvrage n'avait d'autre but que l'augmentation des abeilles. Persuadé que ma méthode ne sera pas générale-ment suivie, je vais donner des conseils avantageux aux personnes qui tiennent à leurs anciennes ruches.

Le choix des pâturages, la formation des ruches, la récolte des essaims naturels, les soins, la propreté des ruches, le traitement de la dyssenterie, les mutations, le pillage, et généralement tout ce que j'ai indiqué pour ma méthode est applicable, dans tous les pays, à toutes sortes de ruches, sauf le danger des ennemis dans les bois pour les paniers en paille et autres en bois liant. On peut se servir de ma boîte à essaim pour toutes les ruches en posant dessus une plan-che percée un peu plus large que la ruche dans laquelle on veut faire passer un essaim ou des abeilles par mutation. Il n'y a donc que la récolte qui demande des précautions et de la prudence.

Lorsque vous faites la récolte au moyen de la taille dans les ruches d'une seule pièce et autres, apportez-y beaucoup d'adresse et de ménagement. Quelquefois deux ou trois onces de miel décident du sort de la ruche.

Un alvéole est plus que suffisant à une mouche pour passer l'hiver parce qu'elle en use avec une grande sobriété ; mais toute économie cesse à l'instant qu'il y a des vers éclos. De nouvelles espérances naissent avec la nouvelle génération ; toutes les abeilles, les butineuses exceptées, reprennent leurs travaux ordinaires. Rien n'est épargné, les nouveaux nés sont gorgés de nourriture préparée d'avance. Les ouvrières en clarifiant le miel et en le donnant aux vers en font une grande consommation, et si la reine est féconde et précoce, et la saison tardive, la récolte de l'année précédente est à peine suffisante. Ainsi lorsque vous coupez vos ruches, si vous ne laissez pas une assez forte quantité de miel, vous courez risque de perdre l'ancienne et la nouvelle génération, ou au moins une partie de cette dernière.

11.

Nous avons vu que dix alvéoles du petit
modèle ont deux pouces de longueur, et qu'il
y en a vingt-cinq dans un pouce carré. On
doit compter que trois vers usent un alvéole
de miel pendant deux mois. Ainsi, avant de
commencer l'opération de la taille, que l'on
ne doit faire que dans un jour clair, par le
vent du midi et depuis dix heures du matin jusqu'à deux heures après midi, quand
vous avez placé votre ruche sur un échafaud, et mieux encore sur le fond d'une
feuillette, vous devez juger par approxi-
mation, 1.º de la population ; 2.º du nombre
des vers nés et à naître par rapport aux trois
rayons intérieurs toujours disposés et réser-
vés pour le couvain ; 3.º de la quantité de
miel que cette ruche contient ; 4.º enfin du
nombre d'alvéoles nécessaires pour placer
les œufs que la reine peut faire. Après ces
calculs, commencez par placer votre ruche
de manière que les rayons soient perpendi-
culaires à l'horizon ; ensuite détachez celui
qui est à votre droite, le plus près des parois
de la ruche : ce rayon est ordinairement
petit, et contient rarement du miel. Détachez adroitement le deuxième rayon dans

toute sa longueur. Avant d'attaquer le troisième, éloignez les abeilles avec de la fumée ; évitez que la mèche soit trop ardente , on ne doit apercevoir ni feu ni flamme ; continuez votre opération jusqu'au troisième rayon du centre ; recommencez du côté opposé, et chassez les abeilles dans le premier vide que vous avez fait. Ne coupez jamais un rayon, encore bien moins un couteau , sans en avoir éloigné toutes les abeilles avec précaution. Arrivé aux gâteaux du centre qui renferment du couvain , faites en sorte d'écarter les mouches avec de la fumée , et examinez de nouveau la population et le nombre de vers. Comme il est difficile de distinguer les œufs à l'œil nu , laissez douze à quinze rangs de cellules au-dessous de la dernière qui contient un ver. Avec ces précautions vous ne détruirez ni vers ni œufs ; vous aurez des ruches peuplées et des essaims printaniers.

Il faut être deux pour l'opération de la taille ; celui qui détache les rayons les passe à une autre personne qui en détourne les abeilles avec une plume ou un petit balai doux ; et place ensuite les couteaux dans un vaisseau bien couvert. Quant à la cire, on

doit l'abandonner aux mouches, en observant de les chasser de dessus vers les trois
heures après midi ; car si on la leur laisse
plus tard elles s'enivrent de miel, sont surprises par la fraîcheur, et périssent toutes
la nuit suivante.

Quelque soin que l'on prenne en faisant
la récolte du miel par l'opération de la
taille, il tombe à terre une assez grande
quantité de mouches. Les deux personnes
occupées de ce travail doivent donc placer
à leur portée tout ce qui peut leur être
nécessaire afin de ne pas changer leurs
pieds de place. Dans aucun cas on ne doit
tailler deux ruches au même endroit. Après
avoir replacé la ruche châtrée sur son
siége, il faut transporter l'échafaud dans
une autre position.

Lorsque l'on connaît le poids de la ruche
vide on fait la récolte avec plus de sûreté.
On peut s'approprier sans danger tout ce
qui excède deux livres par mille abeilles,
c'est-à-dire de quatorze à seize livres pour
les ruches fortes, et de huit à douze livres
pour les ruches faibles, non compris la ruche.
Les mouches, le couvain et la cire font

un peu moins que moitié du poids; le reste est en miel. Enfin celui qui fait l'opération doit conserver dans toutes les ruches trois à quatre mille alvéoles vides, notamment dans les trois rayons du centre, afin que la reine puisse continuer sa ponte.

Dans les ruches à capuchon on ne doit prendre la totalité de ce qui est dans la partie supérieure qu'autant que le corps contient les qualités ci-devant énoncées.

Avantage de la Taille, d'après les principes que nous venons d'exposer, ou comparaison de la manière dont on l'exécute actuellement.

La majeure partie des gens qui tiennent des ruches ne connaissent les abeilles que sous le nom de mouches à miel. Ils ignorent leurs usages et leurs besoins. Ils font ou font faire la récolte d'une ruche comme celle d'une vigne; on prend une femme ou un homme dans le village qui ait la réputation de ne pas craindre la piqûre des abeilles, et on châtre rayons, couteaux,

tout au même niveau. On ne s'informe
pas si la ruche est précoce ou tardive ; on
n'examine aucunement la population ; on appelle bonnes toutes celles qui sont pesantes,
et on les coupe en conséquence ; l'ignorant
opérateur, une mèche flambante à la main,
brûle plus de mouches qu'il n'en éloigne;
il enfonce un couteau perfide parmi des
milliers d'abeilles : les unes sont coupées,
les autres empétrées, la plus grande partie
est emportée avec le rayon. On les chasse
avec un balai gluant de miel qui les em-
pètre encore davantage; elles tombent, et
sont foulées au pied par leur bourreau et
celui qui lui aide. Les cellules royales ne
sont pas respectées parce que nos charlatans
ne les connaissent pas; les trois rayons
du centre sont tranchés comme les autres,
et souvent ils coupent des vers bouchés.
Si le propriétaire s'en aperçoit on lui dit
que le premier couvain réussit rarement ;
que d'ailleurs il n'y en a que quelques
douzaines, et les uns et les autres ne songent
pas qu'au-dessous des alvéoles bouchés se
trouvent des vers plus jeunes et ensuite
des œufs. Au 15 mars la première ponte

est pour ainsi dire épuisée : si vous détruisez
ces premiers vers comment pourrez-vous
avoir des essaims printaniers ? Ce n'est pas
tout, cette perte en amène bientôt une
autre. En tranchant les gâteaux jusqu'au
couvain, vous avez détruit les jeunes vers
et les œufs ; vous n'avez laissé aucun alvéole
disposé pour recevoir les œufs que la reine
fait en grand nombre à cette époque : pressée
de pondre, elle les laisse tomber, et ils ont
le sort de ceux que vous avez perdus. Il est
inutile de vous faire remarquer que souvent
au mois de mai les abeilles des ruches
taillées, comme nous venons de le voir,
n'ont pas recommencé leurs travaux.
Voyez quelle perte vous faites éprouver à
ces ruches, et soyez convaincu que c'est
vous-même qui retardez vos essaims, qui
affaiblissez vos paniers et diminuez vos
récoltes !

Quelque horreur que m'inspire l'étouffement des abeilles, je ne puis dissimuler
que cette barbare méthode est moins destructive que la taille dans l'état actuel,
et que le produit en est plus que triple. Dans
le premier cas, de deux ruches fournies on

en fait deux mauvaises; et dans le second
on en conserve une bonne qui donnera de
beaux essaims.

———◆———

Comment on sépare le Miel de la Cire.

Tous les cultivateurs d'abeilles ont une
manière presque uniforme de préparer le
miel et la cire : ce n'est pas la chose la
plus difficile. Pour ne pas répéter ce qui
a été dit tant de fois, je vais simplement
exposer les moyens que j'emploie : en faisant
la récolte je tâche de ne pas trop mutiler
les couteaux. Pour tirer la première qualité je les pose sur des tamis doubles exposés au soleil, après avoir râclé la pellicule
de cire qui couvre chaque alvéole ; quand
la plus grande partie a coulé, je la passe au
tamis fin à triples toiles dans des vaisseaux
destinés à la recevoir. Pour obtenir la
deuxième qualité je ramasse tous les couteaux
dans un sac fait exprès ; j'y joins ce qui reste
dans les tamis, et je le porte au pressoir : le
miel qui en sort est encore très-beau. Après

la pression à froid il reste encore des parties
miellées ; je fais chauffer le marc au bain-
marie, et le presse de nouveau. Le dernier
miel ne sert que pour le bétail et pour faire
la miélée des essaims.

Je vends la première qualité 1 franc 20 centimes la livre, la deuxième qualité 75 centimes, et la troisième 50 centimes.

———

Vente et Préparation de la Cire.

Les rayons et le marc du miel composent
la cire. Je la vends en branches toutes les
fois que je puis en tirer les deux cinquièmes
ou la moitié de sa valeur dans le commerce,
c'est-à-dire fondue. Quand les acheteurs
veulent trop gagner je la fonds moi-même;
j'ai l'habitude de la faire bouillir deux fois
avec beaucoup d'eau, et de la passer deux
fois au pressoir. Il faut mêler la seconde
pressée avec la première, à moins que
l'on ne trouve des marchands qui fassent
valoir les deux qualités, ce qui n'est pas

commun. Il m'est arrivé de vendre à la même personne ma cire des deux pressées plus cher qu'elle ne m'offrait d'abord de la première.

<hr />

Miels aromatiques et balsamiques.

Dès l'année 1820 j'avais aperçu du miel à odeur de différentes nuances dans mes ruches des bois. Les années suivantes je fis inutilement de grandes et minutieuses recherches pour découvrir d'où il sortait, et sur-tout les moyens de le récolter séparément et tel que les abeilles le ramassent. En 1824 le hasard m'en procura un petit couteau de deux onces environ, d'un parfum rare et de couleur verte et jaune. En 1825 je fis des dispositions dans plusieurs ruches, et j'en recueillis près d'une demi-livre. Enfin en 1826, ayant le secret, j'ai augmenté cette récolte, et j'espère en livrer aux amateurs, et même au commerce, à commencer de l'année prochaine.

Ce miel est exquis ; il est supérieur en parfum, beauté et qualité à tous les miels connus. Les parties concrètes et grenées se trouvent plus sucrées dans le mien que la portion liquide sirupeuse des miels de Mahon, Narbonne et autres. Je ne crains pas d'avancer, et on en jugera par analyse, que mon miel aromatique l'emporte sur tous les miels réputés : la différence est aussi marquée qu'entre le vin de Vougeot et celui de Ruffey. J'en excepte le tien, malheureux mont Hymète ! ne pouvant en faire la comparaison. Abeilles infortunées, que ne puis-je vous soustraire au cimetère de Mahomet, brandi par l'infernale politique, pour vous réunir et vous soigner dans mes ruchers !

La récolte du miel aromatique se fait en un seul jour par les abeilles et le propriétaire ; il a l'odeur de toutes les plantes fleuries le jour que l'on choisit ; celle qui domine dans la contrée domine aussi dans le miel, lequel a vraisemblablement une partie des propriétés des plantes qui le produisent. La médecine en fera son affaire par la suite ; quant à présent, je suis certain qu'il est très-bon

pour la colique, et qu'il excite singulière-
ment l'appétit : je l'ai éprouvé sur moi-même.
Une qualité qui lui est particulière c'est
de ne laisser à la bouche ni goût de cire,
ni douceur, ni âcreté, ce dont le miel de
Mahon même n'est pas exempt.

On sera peut-être surpris de ce que je
n'explique pas la manière de se procurer
des miels aromatiques et balsamiques; je
dirai ingénument qu'ayant l'intention de
changer ces produits contre de l'argent,
j'en garderai le secret quelque temps : c'est
mon brevet d'invention.

Vente de Ruches, Ruchers, Miel de différentes qualités, Cire et Propolis.

AFIN d'étendre plus promptement ma
méthode en Bourgogne, je vendrai chaque
année un certain nombre de divisions de
ruches vides ou peuplées, de l'un ou de
l'autre de mes modèles. Je vendrai aussi
des ruches à expérience qui ont non-seu-

lement l'avantage de pouvoir suivre les
variétés d'ouvrières dans leurs diverses occupations, la reine dans ses pontes, les
vers dans leur état primitif et leurs différentes métamorphoses, l'emploi des provisions, la sécrétion de la cire et la construction des alvéoles, le massacre des mâles
et des êtres faibles ou infirmes, la formation des essaims, leur approvisionnement,
leur jet, leur rentrée et l'occupation des
mouches qui n'ont pas fait partie de l'é-
migration, mais encore d'y prendre du
miel et de leur en donner à volonté. On
peut tenir ces sortes de ruches dans son
jardin, sur sa croisée même pendant l'été; en
hiver dans sa chambre et sur sa cheminée.
Ces ruches sont en verre, et n'ont que vingt
lignes d'épaisseur vaisseau compris.

Un rucher ambulant, assorti de ses bois,
ferrures, peintures, clefs, masques, couteaux, boîtes à essaim, de dix bonnes ruches
de l'un ou de l'autre de mes modèles, les
abeilles de l'âge et de l'espèce que l'on de-
mandera, se vend 350 fr. Je me charge de le
faire conduire à la distance de trois lieues,
et garantis les dix ruches jusqu'au 15 avril,

époque où les abeilles n'ont plus besoin des
vieilles provisions. Si une ou plusieurs ruches venaient à périr avant cette époque
elles seraient, sans frais pour l'acquéreur,
remplacées par d'autres du même poids et
du même âge. Dans ce cas on devrait prévenir avant le 15 avril. La ruche seule du
poids de vingt livres, bois compris, se paie
20 francs; toute livre en sus est comptée
pour 1 franc. Je ne livre point de ruche au-
dessous de vingt livres.

La ruche vide assortie se vend 6 francs.

Nous avons vu le prix du miel ordinaire
et de la cire. En branches il est augmenté de
25 centimes par livre, ce qui le porte à
3 francs le kilogramme. Le miel balsamique
coulé 3 fr. 50 cent., en branches 4 fr.

Le miel aromatique, odeur mêlée, coulé,
4 fr. le kilogramme, en branches 5 francs.
Ce miel, coulé et déposé d'avance dans des
vases de verre du poids d'une livre, vaisseau
compris, est du prix de 2 fr. On fait état
du poids du vase en le rendant.

Tous les miels aromatiques ont la blan-
cheur de la neige; il s'en trouve néanmoins
de couleur verte, rouge, jaune et bleue; ils

n'ont point de prix déterminé à cause de la rareté. Il en est de même de ceux qui ont un parfum fin et rare, tel que l'odeur de la moscatelline, de l'orvale, de l'églantine musquée, et autres.

La propolis n'a point de prix fixe.

Les propriétaires de ruchers un peu nombreux dans les bois feront bien de tenir auprès une guérite fermée ayant un carreau en verre de chaque côté; elle sert de loge à celui qui attend les essaims naturels, lequel, sans cette précaution, est forcé de se tenir à l'écart dans une cépée touffue, ou continuellement masqué. Cette guérite est encore un abri assuré et un magasin pour retirer les ustensiles dont on a besoin.

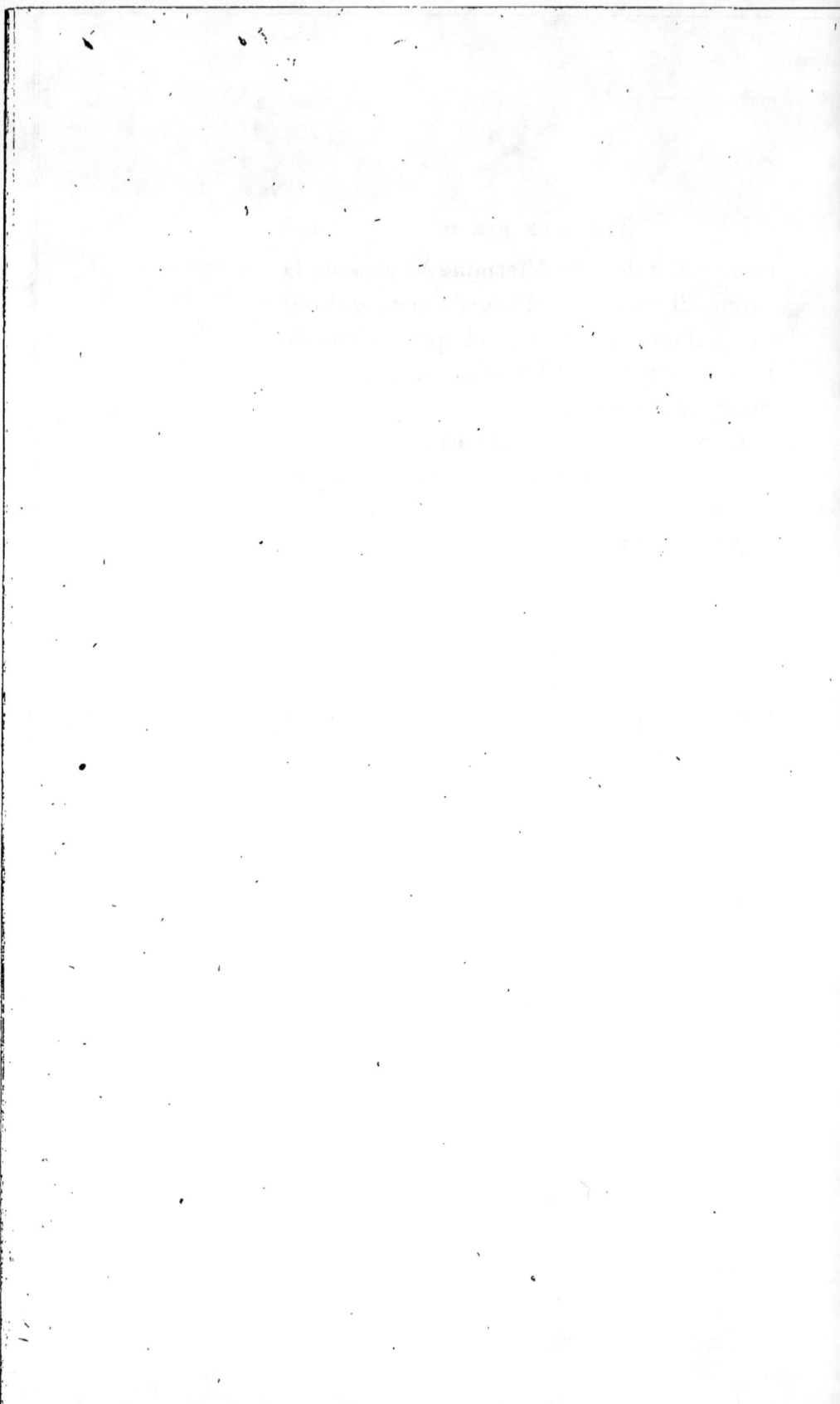

RUCHE DES BOIS.

---·—

Deuxième Partie.

●●

CHAPITRE UNIQUE.

Coup d'œil sur les Ruches en général.

En parcourant une partie des états de
l'Europe, j'ai remarqué presque partout le
même abandon, la même insouciance sur
la culture des mouches à miel, et en même
temps le même désir ou plutôt la même
avidité à s'emparer de leurs provisions.

12

Les hommes si variables dans leurs habitudes, leurs modes, leurs usages, leurs
mœurs même à raison des différens climats
qu'ils habitent, se trouvent uniformes pour la
négligence et la rapine à l'égard des abeilles.
Ici des paniers de bois liant ou de paille,
usés, percés, sont laissés dans le coin d'un
enclos à la discrétion des mulots, des souris
et d'autres ennemis. Là des troncs d'arbres
pourris, couverts de champignons et de
lichen, restent dans les ronces, les orties,
et recèlent le dépôt précieux de la fécondité
de la mère des abeilles et l'admirable travail de ces dernières. L'indolent propriétaire ne s'en occupe que pour piller et dévorer en un instant le travail de plusieurs
mois, de plusieurs milliers d'individus, dont
le moins intelligent lui donnerait des le-
çons d'économie.

Cette négligence, quelque pernicieuse
qu'elle soit, est moins préjudiciable à l'abeille
qu'au propriétaire. La prodigieuse fécondité
de la reine, l'inconcevable activité de l'ouvrière, préviennent une partie des inconvéniens qui devraient résulter de leur position.
Mais la butineuse, occupée à ramasser

de la propolis pour enduire l'habitation
et préserver l'ouvrage et les jeunes vers
de l'humidité, perd un temps précieux qui
serait employé à la récolte du miel et de
la cire, objets qui tentent cependant si
évidemment la gourmandise et la cupidité
du maître. Outre cette négligence pour les
soins qu'exigent les ruchers, nous allons
voir avec quelle inattention barbare il les
dépouille de leur miel. Voyez sortir par la
porte de derrière de cette habitation couverte de lierre dont l'état de ruine atteste
l'avarice du propriétaire, et les épines qui
l'entourent la paresse du fermier; voyez ces
deux fantômes, ou plutôt ces deux bour-
reaux, masqués et cuirassés : ils avancent
le fer et le feu à la main; ils se déguisent
pour paraître devant ces insectes bienfaisans
qu'ils vont si cruellement dépouiller; ils
s'approchent déjà des ruches dont les abeilles
sont encore engourdies par la fraîcheur
d'une nuit de printemps. Une vieille femme
les suit tenant en main le chaudron qui a
rappelé l'essaim fugitif. Ce chaudron oxidé
va servir à un autre usage; il va recevoir le
miel et les abeilles mutilées. C'est sur un

vieux tonneau que va s'exécuter le carnage
et le pillage; c'est sur ce fatal tonneau que
les abeilles vont succomber par centaine,
les unes par le fer, les autres par le feu : une
partie sera noyée dans le miel ramassé avec
peine et conservé avec tant d'économie;
d'autres enfin, voulant mourir en braves,
vont se précipiter sur les assassins, et périr
victimes de leur courageux dévouement pour
la cause publique. Mais rien n'ébranle nos
pillards, ni les morts, ni les blessés, ni leur
intérêt futur; il leur faut du miel et de la
cire : couteau, rayon, gâteau, tout est tranché
au même niveau; plus la ruche est fournie,
plus elle est maltraitée; malheur à la reine
qui a déposé du couvain dans des alvéoles
trop bas! sa fécondité est punie par la mort
de ses petits, et souvent elle périt elle-même
en protégeant sa famille! Alors tout est
perdu : cette fois la maladresse et la cruauté
punissent l'avidité. Mais la reine échappât-
elle au carnage, les abeilles n'en tombent
pas moins par milliers, et sont foulées aux
pieds par celui qui fait l'opération. La terre
est couverte de mouches mourantes et mortes;
à cela ajoutez celles qui le soir ne pouvant

regagner la ruche meurent la nuit suivante;
celles qui sont mutilées, empétrées; celles
qui se sont défendues et qui ont laissé leur
dard; celles enfin qui ont été atteintes par
le feu : vous pouvez compter qu'il a péri
plus du douzième de la population de chaque
ruche.

Le pillage des ruches, la mort de tant
de victimes ne satisfont pas encore, l'envie
et la cruauté de ces hôtes insatiables. Ce
n'est pas assez d'avoir décimé la population
de trente républiques; il faut encore que le
poison soit employé pour détruire en entier les habitans de ces ruches que vous
voyez séparées, et qui ont été jugées au
poids les mieux approvisionnées. Barbares!
vous êtes pis qu'Alvarédo! Malheureuses
abeilles! vous seriez moins exposées si vous
étiez moins laborieuses! Que n'avez-vous
consommé vos délicieuses provisions à mesure que vous les ramassiez! vous auriez
évité le soufre et le poison que l'on vous
prépare! La fatale mèche est allumée, toutes
les issues sont bouchées : c'en est fait! En
une minute des millions d'abeilles sont
étouffées!.....

Hommes, qui vous croyez faits à l'image
du Créateur, pensez-vous qu'il ait réuni
tant de perfections dans de si petites créa-
tures pour vous les faire massacrer! Est-ce
pour les livrer à vos fureurs qu'ils les a
répandues sur tous les coins de la terre!
Tirez le renne des glaces du nord ou le
dromadaire des sables brûlans du midi, ils
périront dans un autre climat. L'abeille
que vous massacrez vit partout; plus pri-
vilégiée que vous-mêmes, elle conserve
partout son instinct, ses formes, sa couleur, son activité et son industrie; partout son travail est utile une partie éclaire
vos temples et vos salons, une autre
orne vos tables et adoucit les maux
que vous causent vos déréglemens; et
pour récompense vous portez la mort et
la dévastation dans ses chefs-d'œuvres! Ah!
jouissez, jouissez donc sans détruire! En-
richissez-vous de son superflu; profitez de
son économie; facilitez son travail; peuplez
vos ruches en soignant la fécondité de la
reine; conservez vos essaims en les plaçant
dans de bons pâturages : alors vos récoltes
seront abondantes; le pressoir criera sous

vos couteaux; le miel et la cire coulant
à grands flots rempliront tous vos vases;
d'honnêtes négocians viendront acheter vos
denrées; vous vendrez au quintal au lieu
de vendre à l'once, et vous ne serez plus
à la merci d'un aigrefin qui, la besace sur
le dos, court de la ferme au hameau, du
hameau au village, publier que la cire se
vend un sou de moins que l'année précédente.

Puissent mes reproches faire changer vos
routines, et amener dans vos guérets autant
de ruches que vous y avez d'abeilles!

La désastreuse opération de la taille et
sur-tout celle de l'étouffement des abeilles
auraient dû faire sentir depuis long-temps
la nécessité d'en changer; cependant elles
se soutiennent et se renouvellent chaque
année depuis bien des siècles. Plus de
cent méthodes ont été proposées, aucune
n'est suivie; les plus dangereuses se pra-
tiquent chez les vingt-neuf trentièmes des
propriétaires d'abeilles, et se continueront
encore long-temps. C'est ainsi que les cultivateurs entendent leurs intérêts!

A peine trouve-t-on de cent lieues en cent

lieues quelques hommes sages qui cherchent
à améliorer la culture des abeilles pour
la rendre profitable : de tous les pays que
je connais la France est le plus en arrière ;
les abeilles y suivent l'agriculture. Bien
des personnes disent qu'un laboureur n'a
besoin de savoir ni lire ni écrire ; elles pensent
peut-être de même à l'égard de ceux qui cultivent les abeilles : tant que cette pernicieuse
opinion existera chez les grands propriétaires
les progrès iront lentement ; car il faut de
l'émulation, du génie, de la simplicité,
de la constance, et sur-tout du travail, pour
faire des conquêtes sur la Nature. Dans
les sciences une découverte en amène une
autre ; en agriculture cela n'arrive pas :
une partie des secrets se trouve dans la
terre, l'autre est entre le bois et l'écorce.
Le charbon du blé, l'ergot du seigle, n'ont
aucun rapport avec l'admirable mouvement
de la sève, lequel n'est connu que par
supposition ; je dis par supposition puis-
que les principaux organes de la végétation
sont encore ignorés, et cependant ils se trouvent réunis au pied d'un bouton. Demandez
à un jardinier pourquoi tel arbre a des

fruits plus beaux et meilleurs que tel autre ;
il vous répondra *C'est l'espèce,* sans vous
indiquer aucune des causes naturelles. In-
formez-vous ensuite auprès d'un Normand
de ce qui a empêché de fleurir son pommier,
il vous dira, *C'est le temps qui décide, la
saison n'a pas donné.* Ignorant ! sans doute
le temps influe sur toutes les plantes, mais
cependant elles ont un principe de vie qui
ne dépend pas directement des saisons. Le
mouvement de la sève, l'inconcevable réci-
pient dans lequel elle s'élabore, le crible
ou plutôt les organes qui la divisent en
ligneuse, oxide, spiritueuse, etc., ne devraient plus être ignorés.

Mais, sans y songer, je m'éloigne de mon
sujet. Je disais que la France est plus en
arrière sur la culture des abeilles que les
autres pays. Outre les usages pernicieux
que je viens de signaler, on y remarque
une défiance qui n'est pas naturelle à la
nation, et qui est très-contraire à la multiplication des abeilles. Chaque propriétaire
tient ses ruches dans son jardin, ou à peu
de distance de sa maison, d'où il puisse
les voir fréquemment sans se déranger : s'il

les éloignait il les croirait perdues. Cette
malheureuse crainte fait entasser les ruches
dans les villages, les hameaux, les fermes,
et empêche que les neuf dixièmes des fleurs
soient récoltées par elles. Le rayon qu'elles
peuvent parcourir ne produisant pas une
assez grande quantité de fleurs pour les alimenter, il en résulte que les récoltes sont
peu abondantes en miel. La cire étant plus
fréquente et plus aisée à ramasser, les abeilles
s'en procurent assez facilement, et le propriétaire en en faisant la récolte ne peut pas
s'empêcher de rogner les couteaux de miel,
Seulement pour en tâter, dit-il. Il prend après
l'hiver, sans songer à la nouvelle génération, des provisions qui ne sont déjà pas
assez abondantes : alors toute la population
souffre, la ruche n'essaime pas ou essaime
trop tard. L'essaim n'a pas le temps de se
pourvoir dans une campagne ruinée ; il reste
faible ainsi que la mère ruche ; et si l'automne es mauvais, l'hiver long et le printemps tardif, ils périssent l'un et l'autre :
les ruchers n'augmentent pas, assez souvent
même ils diminuent. Tel est le résultat d'un
mauvais pâturage et d'une avidité démesu-

rée, ou plutôt de la désastreuse opération de la taille. Il ne faut pas croire que les butineuses s'écartent à plusieurs lieues, comme le disent bien des gens : j'ai des ruchers à une lieue l'un de l'autre ; il ne m'est jamais arrivé de voir des abeilles sur les fleurs qui partagent la distance. Je conviens que celles qui trouvent peu s'éloignent davantage; dans tous les cas, je crois pouvoir assurer qu'elles ne vont pas même à une demi-lieue, et que parmi celles qui butinent à de plus grandes distances une partie périt dans les mauvais temps.

La méfiance à cet égard est tellement prononcée en Bourgogne que les premières années que j'avais placé mes ruches dans les bois les uns me traitaient de fou, les autres d'original, et les plus modérés d'inconséquent. Toutes les personnes que je rencontrais, au lieu de m'aborder par la question banale, *Comment va la santé?* la changeaient en celle-ci : *Les abeilles vont-elles bien?* — Oui. — *On n'y touche pas?* — Non. — *Oh! c'est inconcevable!* J'ai eu beau rassurer tous ceux qui m'ont questionné, mes chers compatriotes ne s'en sont pas tenus pour con-

vaincus : ma méthode n'est suivie de personne pour ainsi dire. Je suis cependant
prévenu que quelques particuliers ont fait
des préparatifs et se disposent à suivre mon
exemple. Je puis leur assurer d'avance qu'ils
ne demanderont pas en vain la permission
de déposer des ruches dans les vacans des
bois en pueil de l'état. M. Lahorie, conserva-
teur à Dijon, bien loin de s'y opposer, presse
et encourage ces établissemens. Non-seulement il les permet avec cette douceur qui
lui est naturelle, mais, conjointement avec
les agens supérieurs de sa conservation,
il les protége et ordonne aux gardes d'y
veiller et de faire des rapports contre toute
personne qui y porterait atteinte. Heureusement ces précautions sont inutiles : on
ne touche pas plus aux ruches dans les bois
que dans les jardins. Il m'est souvent arrivé
de laisser à dessein et par mégarde des linges
et des outils auprès de mes ruchers, et de les
retrouver dessus, dans une place visible,
ou même dans ma guérite lorsqu'elle n'est
pas fermée ; et, comme j'y tiens tout l'été de
l'encre et du papier pour mes notes, chacun
y écrit les remontrances, les observations

et les questions qu'il juge à propos de me faire.

A l'égard de l'abandon, je crois fortement à un proverbe qui est très en usage chez un peuple bien peu civilisé, les Monténégrins, *La confiance ôte l'envie du mal.*

En laissant mes abeilles et leurs délicieuses provisions dans les bois, à la garde de la Providence, j'ai eu en vue, 1.° d'augmenter l'économie rurale; 2.° de détruire en partie cette méfiance que j'ai signalée; 3.° de nous justifier d'un reproche qui passe presque en proverbe chez nos voisins. J'ai souvent entendu dire à l'étranger, et même en France à des personnes très-respectables, que la nation française était essentiellement dévastatrice. On appuyait cette assertion sur des faits malheureusement trop vrais, mais qui étant arrivés dans des temps de troubles doivent être plutôt rapportés aux circonstances qu'à l'esprit des habitans. Si la révolution a détruit les fleurs de lis, si la contre-révolution a abattu les aigles, si quelques monumens, quelques propriétés, ont souffert dans des temps désastreux, c'est le choc de deux opinions opposées, et non le carac-

tère de la nation qui a produit ces boulever-
semens. Dans les guerres d'opinion ou de
religion on ne se contente pas de combattre
les hommes, on attaque les choses. Mais,
je le répète, ce n'est pas dans ces momens
que l'on doit juger d'une nation. Les Ro-
mains étaient créateurs; ils n'ont pas perdu
ce juste titre en détruisant les églises des
premiers chrétiens. Mais, dira-t-on, en
Suisse, en Hollande, en Hongrie, en Bosnie
même, les paysans ne ferment pas leurs
portes : les écuries, les jardins sont ouverts;
le bétail, les fruits sont à l'abandon. Tout
cela est vrai, mais tout cela n'est que le
fruit de l'habitude : plus les choses sont
communes, moins elles sont désirées. Cependant ces usages n'accoutument pas toujours ces peuples à la probité : sur les côtes
de la Méditerranée, depuis Trieste jusques et
probablement au-delà de l'Archipel (je ne
parle pas de ce que je n'ai pas vu) les habitans
ne se volent pas entre eux. Le raisin, la
figue, l'orange, la pastèque, etc., embau-
ment la campagne, restent à l'abandon
ainsi que les abeilles, personne n'y touche,
et cependant un étranger ne va pas en sûreté

d'un village à l'autre s'il n'a la précaution
de se faire escorter par des pandours qui
souvent l'assassinent. Je le répète, tout vient
de l'habitude. Placez sans crainte vos ruches
dans les bois, dans les champs, le long des
chemins, partout où il y a des fleurs, on
n'y touchera pas plus en France qu'en Lithuanie, en Sibérie, en Suède, en Bosnie, etc. :
j'éprouve même quelque honte à comparer
des hommes libres à ces peuples.

On voit déjà que ma méthode n'est pas
nouvelle quant à l'abandon des ruches : cet
usage se pratique chez les peuples les moins
civilisés, les plus malheureux et les plus
dignes de l'être; je dis les plus dignes de
l'être parce que je crois qu'une nation entière
n'est esclave qu'aussi long-temps qu'elle le
veut bien. Dans une partie des provinces
russes, en Pologne, en Suède et ailleurs, le
miel et la cire sont la principale récolte;
les paysans suivent cette culture avec infi-
niment de soins et de précautions : ce sont
des esclaves qui servent un peuple libre. Le
Créateur n'a pas voulu que tout fût en servage
dans la même contrée : les abeilles sont dans
des troncs d'arbres ou dans des paniers de dif-

férentes formes et matières ; un certain nombre est placé à dessein chaque année pour
que les essaims s'y logent naturellement.
Dans les contrées peu peuplées d'hommes les
ruches sont placées au-dessus des plus grands
arbres ; le paysan a la précaution de construire un plancher avec des bûches fendues
un peu au-dessous du siége : ce plancher
est garni de pointes de fer et de bois autour
et dessous pour défendre la ruche contre
les ours. Dans d'autres endroits on entoure
un petit espace de larges fossés, où jette toute
la terre au milieu pour l'exhausser, et on
fait une palissade élevée dont les pointes
sont tournées du côté du fossé ; on place
les ruches sur des perches dans le terrain
clos. Enfin partout où il y a des ennemis
les malheureux paysans trouvent le moyen
d'en préserver les ruches de leurs seigneurs.
Ils n'ont absolument que la peine en partage,
car leurs avides et brutaux maîtres se font
apporter la totalité des récoltes.

La récolte du miel et de la cire se fait
au moyen de la taille, mais avec beaucoup
d'adresse. Celui qui est chargé de l'opération
détache avec dextérité le quart ou le cin-

quième des rayons sans attaquer les autres. Il ne coupe jamais deux ruches au même endroit dans la crainte de fouler les abeilles aux pieds ; il ne travaille que pendant la chaleur, et ne prend rien aux ruches faibles; tous les cinq ou six ans il renouvelle la cire par la méthode que j'ai indiquée. Le seigneur compte sa fortune par paysans et par paniers d'abeilles. Il y a des contrées en Russie où les abeilles sont peu répandues, et où une lieue carrée ne rapporte pas autant qu'une perche carrée en France : voilà l'avantage d'avoir des serfs! A la vérité, on a des droits illimités sur les deux sexes : on conduit l'un avec le knout, et de l'autre on fait parfois quelque chose.

Dans quelques parties de la Pologne, de la Turquie, de la Suède et de la Prusse, les abeilles sont également laissées à l'abandon, et essaiment naturellement; mais elles sont généralement moins répandues et plus mal soignées qu'en Russie. Je le répète, l'abandon des ruches n'est pas nouveau : en cela je ne fais qu'imiter des peuples qui sont loin de nous sous tous les rapports. Il n'y a de différence entre

13

leur méthode et la mienne que la récolte
des essaims, ce qui est indispensable, vu le
petit nombre de ruches et la division de
nos propriétés.

Le mouvement des ruches, le changement
de pâturage, sont encore plus anciens. Jadis
les Égyptiens faisaient voyager leurs ruches
en bateau sur le Nil pour leur faire récolter
les fleurs des contrées inhabitées. Cet usage
se pratique encore aujourd'hui le long du Pô
et dans quelques autres contrées de l'Italie.
Anciennement les Grecs des vallées portaient leurs ruches au mont Hymète
dans le temps de la floraison des plantes
aromatiques ; le miel de cette contrée était
en grande réputation ; Phryné et Praxitèle
en mangeaient fort souvent ; plus tard le
friand et magnifique Lucullus en avait sur
sa table. On en fait encore des présens
dans la ville et les environs de *Scodra*.

Mais sans aller si loin chercher des
preuves du changement de pâturage, j'en
trouve en France. Il n'y a pas long-temps
que dans l'île de France et l'Orléanais on
transportait les ruches dans des voitures
de paille pour faire sucer aux abeilles les

fleurs du sarrasin de la Sologne. Je pourrais multiplier beaucoup mes citations; mais je pense que les exemples que je viens de rapporter doivent suffire pour démontrer que ma méthode n'est pas nouvelle, et qu'elle réussit à merveille partout où on la tente. Elle ne peut manquer en France avec les améliorations que j'y ai apportées. La division des ruches par dix en rend le transport facile et peu dispendieux. L'adoption de la planche peinte au lieu de paille, osier, etc., pour la construction des ruches, défend les abeilles contre leurs ennemis des bois. Enfin le renouvellement de la cire et la suppression de la taille sont indispensables.

Ma méthode ne demande que de la simplicité et un peu d'industrie. Je laisse au Batave, au Ligurien, au fier Breton (Anglais), et à tous ceux qui veulent le faire, le soin d'établir de beaux ruchers dans lesquels il n'y a souvent que des paniers vides, et celui de loger leurs abeilles dans des verres de Bohême, des porcelaines de Chine, des terres de Ruremonde, etc.; je ne veux point d'ornemens : corniches,

fronton, moulures, filets, vous êtes inutiles! je bannis l'ébéniste et ses bouvets. C'est
de l'économie que je cherche, et non de la
dépense; ce sont des récoltes que je veux
faire au lieu de ruches brillantes.

MANIÈRE D'APPLIQUER

LE

VERGLAS ARTIFICIEL

POUR DÉTRUIRE LES MAZARDS.

J'AI promis de donner des détails sur le résultat de mes recherches pour la destruction du mazard; je vais remplir mes engagemens.

Depuis la publication de l'opuscule qui traite du mazard, j'ai continué mes opérations et j'ai cherché à les simplifier.

J'ai tenté de nouveau la destruction des vers par les acides, les sels et les sucs des plantes : j'ai réussi quelquefois; mais ces opérations sont toujours lentes, pénibles et dispendieuses, et pour ainsi dire impossibles sur un grand nombre d'arbres en même temps.

La Nature ayant dans tous les cas possibles placé le remède à côté du mal, elle guérit sans travail ni dépense : nous ne pouvons donc mieux faire que de suivre ses sages conseils. Dans cette circonstance, il faut remplacer le verglas naturel par le verglas artificiel : j'ai indiqué dans mon petit ouvrage sur le mazard le moyen de le faire et de l'employer; je vais reproduire ces moyens afin d'éviter la peine de recourir à cet opuscule.

Dans un temps de gelée prenez un arrosoir garni de son crible, et jetez de l'eau sur vos arbres ; répétez cela huit ou dix fois pendant l'hiver, vous aurez peu de mazards au printemps, sur-tout si l'opération se fait sur un grand rayon. Pour les grands arbres plusieurs personnes font usage de pompes à main qui facilitent et avancent le travail. J'ai vu de ces pompes en fer-blanc qui ne coûtent que 3o à 4o sous.

Il y a plusieurs espèces de mazards, j'en ai donné une idée dans mon ouvrage. Les uns passent à l'état de chrysalide peu de

temps après la naissance des vers, tandis
que d'autres restent tout l'été dans leur
état primitif. Il résulte de la métamorphose
de tous les mazards un scarabée qui va
facilement d'un arbre et d'un verger à
un autre, dépose ses œufs qui éclosent
la même année ou seulement l'année suivante. Ce sont ces moyens de voyager aisément qui font que l'opération faite dans
un petit rayon ne préserve pas les arbres
plus d'une année, et même une année
entière. Malgré la facilité donnée à l'insecte
pour se reproduire souvent, le verglas artificiel est très-avantageux; il l'est même plus
que le verglas naturel parce que l'on peut
appliquer le premier dans un temps plus
froid. Il préserve la plus grande partie
des fleurs attendu que les seconds vers ne
paraissent guère avant le milieu de mai,
époque où les fruits sont noués, les feuilles
très-abondantes, et par conséquent plus en
état de se défendre qu'au commencement
de la pousse.

En un mot, l'opération du verglas artificiel
atteint presque le but que je m'étais pro-
posé; je la regarde comme très-avantageuse;

tôt ou tard ainsi que la ruche des bois
elles feront sentir leur utilité. J'invite ceux
qui douteraient de l'efficacité du verglas
artificiel à venir se convaincre dans mon
jardin : le terrain est pauvre, aride, placé
sur une roche plate, presque sans joint
ni fissure; et cependant mes arbres fruitiers sont vigoureux, l'écorce est unie;
les talles, toujours trop abondantes, sont
droites, lisses, garnies de belles feuilles dont
les nervures saillantes et symétriquement
espacées annoncent la vigueur et la santé
du sujet.

Ces arbres sont à ceux négligés, bien que
placés dans de bonnes terres, ce qu'un
enfant de la ville emmitouflé pendant
l'hiver, et nourri toute l'année de mets
apprêtés, de bon pain et de bon vin, est à
un enfant de la campagne, mal vêtu, qui
mange du pain bis, du lard et des pommes
de terre, et qui ne boit du vin que le jour
de la fête du village : l'un est pâle et fluet,
craintif, irrésolu; l'autre, rouge et vigoureux,
semblable au jeune chevreuil, s'essaie contre
un mur, un rocher, à gravir, à sauter.

J'ai manifesté dans mon opuscule sur

le mazard la crainte de voir ce ver se
naturaliser dans nos pays : ce qui était
alors douteux se réalise malheureusement.
Chaque année le mazard étend ses ravages:
du pommier, où il a pris naissance, il a
gagné le poirier, le cerisier et autres
arbres fruitiers; maintenant tout lui convient :
il attaque les arbres, les arbustes et les
plantes. J'en ai trouvé l'été dernier sur des
noyers, des sureaux, et même dans des
bourgeons de vigne. Si cet insecte gagne
les forêts il sera difficile de l'en chasser,
et s'il se logeait sur la vigne il causerait
de très-grands dommages.

Je conviens que l'époque de la végétation
de la vigne et la rapidité avec laquelle elle
se développe la mettent à l'abri des ravages
des premiers mazards. Mais je crois avoir
observé que plusieurs espèces ne vivaient
que de vingt à quarante jours; que les uns
passaient à l'état de chrysalide peu de temps
après la naissance des vers, et que toutes
les variétés se métamorphosaient en scarabées
de différentes espèces, dont quelques-uns
lâchaient leurs œufs peu de jours après,
ce qui formait les mazards de mai et juin.

Outre que les vignes peuvent être attaquées par ces vers qui vivent en familles nombreuses, ceux qui ont paru cette année autour de Beaune n'étaient pas autre chose que des mazards. Une partie des scarabées sont ces insectes que les vignerons appellent *écrivains*, raison, comme je l'ai déjà dit, qui doit engager à les détruire, et jusqu'à ce jour le seul remède connu c'est le verglas artificiel.

Si cet hiver n'est pas rigoureux, et si la végétation est longue au printemps, les arbres souffriront beaucoup en 1827. Pour la première fois j'ai remarqué des œufs de mazards sur les boutons après la chute des feuilles, ce qui m'a fait croire qu'ils seront plus nombreux en 1827 que les années précédentes.

FIN.

TABLE
DES MATIÈRES.

PREMIÈRE PARTIE.

CHAPITRE PREMIER.

CHAPITRE II.

CHAPITRE V.

CHAPITRE VI.

178.5

206   TABLE DES MATIÈRES.

DEUXIÈME PARTIE.

CHAPITRE UNIQUE.

FIN DE LA TABLE.

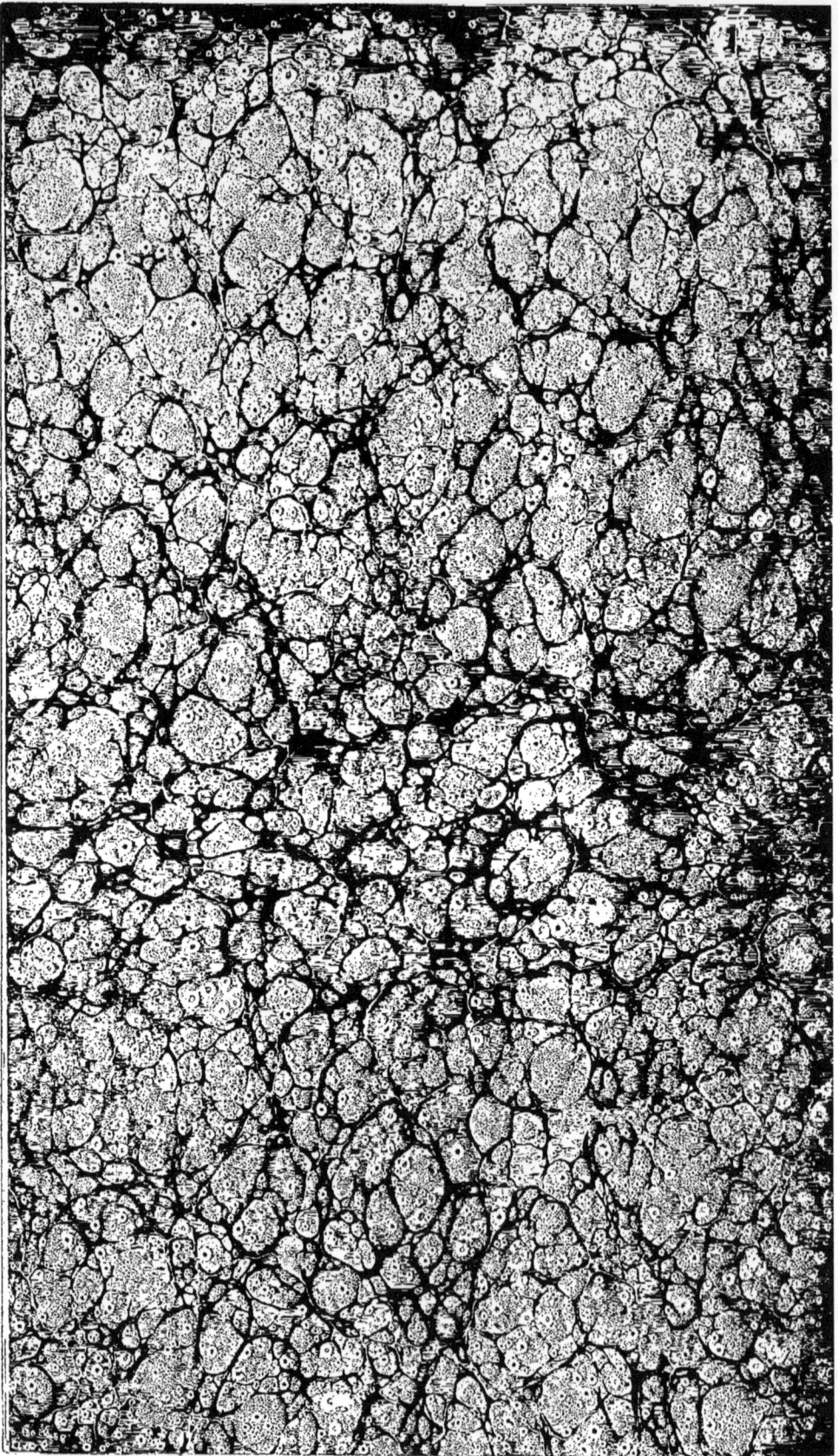

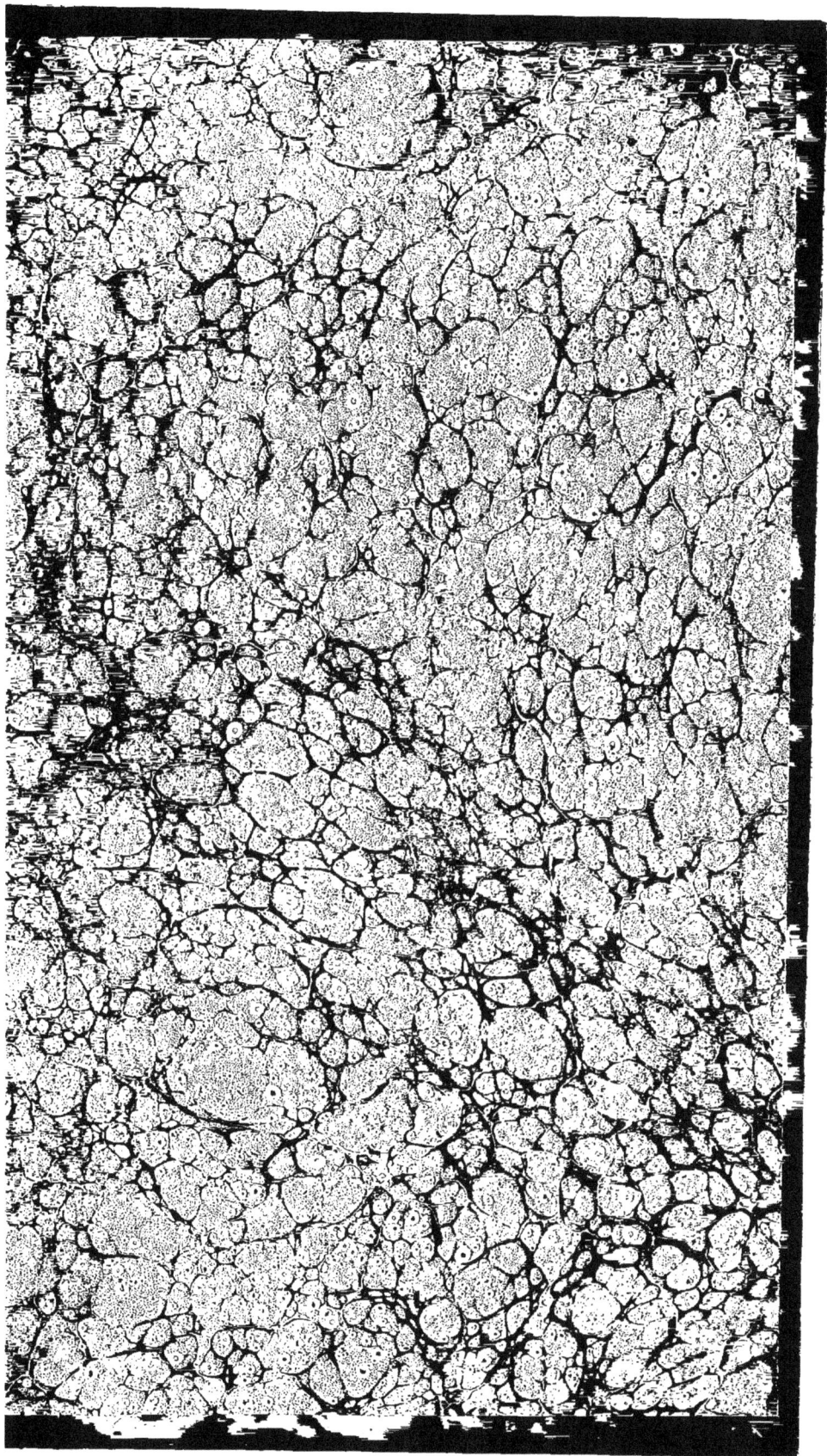

www.ingramcontent.com/pod-product-compliance
Lightning Source LLC
Chambersburg PA
CBHW071643200326
41519CB00012BA/2384